建筑工程施工技术及安全管理研究

郝亚勋　马　毅　赵新新◎著

中国商务出版社
北京

图书在版编目（CIP）数据

建筑工程施工技术及安全管理研究 / 郝亚勋，马毅，赵新新著 .-- 北京：中国商务出版社，2024.6.
ISBN 978-7-5103-5270-6
Ⅰ. TU714
中国国家版本馆 CIP 数据核字第 2024HQ0911 号

建筑工程施工技术及安全管理研究

郝亚勋　马　毅　赵新新　著

出版发行：中国商务出版社有限公司
地　　址：北京市东城区安定门外大街东后巷 28 号　　邮编：100710
网　　址：http://www.cctpress.com
联系电话：010—64515150（发行部）　010—64212247（总编室）
　　　　　010—64515464（事业部）　010—64248236（印制部）
责任编辑：云　天
排　　版：北京盛世达儒文化传媒有限公司
印　　刷：星空印易（北京）文化有限公司
开　　本：710 毫米 ×1000 毫米　1/16
印　　张：13.75　　字　　数：220 千字
版　　次：2024 年 6 月第 1 版　　印　　次：2024 年 6 月第 1 次印刷
书　　号：ISBN 978-7-5103-5270-6
定　　价：79.00 元

前　言

21 世纪，我国信息、科技、经济、文化进入了高速发展的时期，建筑业是经济发展的支柱产业之一，也获得了迅速发展。但是，随着建筑市场日新月异的变化，建筑技术、施工科技知识难以跟上时代的步伐，尤其是在建筑行业的新老交替、大量的农民工参加、纯理论教育模式的情况下，亟须注入新的血液和采取与时俱进的教育方式。实践证明，加强建筑施工实战技术方面的研究与应用具有重要意义。

与此同时，建筑业一直都是危险性高、事故多发的行业之一。近年来，尽管我国建筑业安全生产总体呈现稳定向好的发展态势，但建筑施工安全管理仍需提升。作为土木工程、工程管理等土建类专业就业岗位之一的安全技术管理人员，肩负着施工现场安全管理的重要职责，在建筑安全施工中发挥着至关重要的作用。培养合格的安全技术管理人员，提高安全员的职业素质和职业技能，是推进建筑施工企业安全管理科学化、规范化、系统化的根本保障。

为此，我们在长期调查和实践的基础上，综合建筑工程专业的理论知识，编写了本书。本书在编写过程中，查阅了大量文献资料，在此对学界前辈、同人和所有为此书编写工作提供帮助的人员致以衷心的感谢。由于编者水平所限，书中存在不足之处，敬请广大读者指正。

作　者

2024 年 2 月

目　录

第一章

建筑工程概述

第一节　建设项目与工程技术管理

一、建设项目的划分

建设项目，又称基本建设项目。凡是在一个场地或几个场地上按一个总体设计组织施工，建成后具有完整的系统，可以独立地形成生产能力或使用价值的建设工程，称为一个建设项目。例如，在工业建设中，一般一个工厂就为一个建设项目；在民用建设中，一般一所学校、一所医院即为一个建设项目。对于每一个建设项目，都编有计划任务书和独立的总体设计。对大型分期建设的工程，如果分为几个总体设计，就是几个建设项目。

（一）建设项目的划分

1. 单项工程

单项工程是建设项目的组成部分。一个建设项目可以是一个单项工程，也可能包括几个单项工程。单项工程具有独立的设计文件，建成后可以独立发挥生产能力或效益。生产性建设项目的单项工程一般指能独立生产的车间，包括土建工程、设备安装、电气照明工程、工业管道工程等。非生产性建设项目的单项工程一般是为了满足人们文化、福利方面的需求，如一所学校的办公楼、教学楼、图书馆、食堂、宿舍等。

2. 单位工程

单位工程是单项工程的组成部分，一般指不独立发挥生产能力，但具有独立施工条件的工程。如车间的土建工程是一个单位工程，车间的设备安装又是一个单位工程。此外，还有电气照明工程、工业管道工程、给水排水工程等单位工程。非生产性建设项目一般一个单项工程即为一个单位工程。

3. 分部工程

分部工程是单位工程的组成部分，一般是按单位工程的各个部位划分的，例如，房屋建筑单位工程可分为基础工程、主体工程、屋面工程等；也可以按照工种工程来划分，如土石工程、钢筋混凝土工程、砖石工程、装饰工程等。

4. 分项工程

分项工程是分部工程的组成部分。如钢筋混凝土工程可分为模板工程、钢筋工程、混凝土工程等分项工程；一般墙基工程可分为开挖基槽、铺设垫层、做基础、做防潮层等分项工程。

（二）项目划分的目的和意义

项目划分可以更清晰地认识和分解建筑，方便开展相关工作。比如，各项目的设计是在总体设计的基础上，一般是以一个单项工程为单位组织设计的；建筑工程施工是按分项工程、分部工程开展的；造价预算定额是按分部分项工程量取费的；工程验收分为过程验收与竣工验收，过程验收一般是从分项工程到分部工程，再到单位工程。

二、基本建设程序与工程建设管理体制

基本建设程序是拟建建设项目在整个建设过程中各项工作的先后次序，是几十年来我国基本建设工作实践经验的科学总结。基本建设程序一般可分为决

策、准备、实施三个阶段。

（一）基本建设项目的决策阶段

这个阶段要根据国民经济增长、中期发展规划拟定项目建议书，进行建设项目的可行性研究，编制建设项目的计划任务书（又叫设计任务书）。其主要工作包括调查研究、经济论证、选择与确定建设项目的地址、规模、时间要求等。

1. 项目建议书阶段

项目建议书是向国家提出建设某一项目的建设性文件，是对拟建项目的初步设想。

（1）作用

项目建议书的主要作用是通过论述拟建项目的建设必要性、可行性，以及获利、获益的可能性，向国家推荐建设项目，供国家选择并确定是否进行下一步的工作。

（2）基本内容

①拟建项目的必要性和依据；②产品方案，建设规模，建设地点初步设想；③建设条件初步分析；④投资估算和资金筹措设想；⑤项目进度初步安排；⑥效益估计。

（3）审批

项目建议书根据拟建项目规模报送有关部门审批。

大中型及限额以上项目的项目建议书，先报行业归口主管部门，同时抄送国家发展和改革委员会。行业归口主管部门初审同意后报国家发展和改革委员会，国家发展和改革委员会根据建设总规模、生产总布局、资源优化配置、资金供应可能、外部协作条件等进行综合平衡，还要委托具有相应资质的工程咨询单位评估，然后审批。重大项目由国家发展和改革委员会报国务院审批。小型和限额以下项目的项目建议书，按项目隶属关系由部门或地方发展和改革委员会审批。

项目建议书批准后，项目即可列入项目建设前期工作计划，可以进行下一步的可行性研究工作。

2. 可行性研究阶段

可行性研究是指在项目决策之前，通过调查、研究、分析与项目有关的工程、技术、经济等方面的条件和情况，对可能的多种方案进行比较论证，同时对项目建成后的经济效益进行预测和评价的一种投资决策方法和科学分析活动。

（1）作用

可行性研究的主要作用是为建设项目投资决策提供依据，同时也为建设项目设计、银行贷款、申请开工建设、建设项目实施、项目评估、科学实验、设备制造等提供依据。

（2）基本内容

可行性研究是从项目建设和生产经营全过程分析项目的可行性，主要解决项目建设是否必要、技术方案是否可行、生产建设条件是否具备、项目建设是否经济合理等问题。

（3）可行性研究报告

可行性研究的成果是可行性研究报告。批准的可行性研究报告是项目最终决策文件。可行性研究报告经有关部门审查通过后，拟建项目正式立项。

（二）基本建设项目的准备阶段

1. 建设单位施工准备阶段

工程开工建设之前，应当切实做好各项施工准备工作，包括：组建项目法人；征地、拆迁；规划设计；组织勘察设计；建筑设计招标；建筑方案确定；初步设计（或扩大初步设计）和施工图设计；编制设计预算；组织设备、材料订货；建设工程监理；委托工程监理；组织施工招标投标，优选施工单位；办理施工许可证；编制分年度的投资及项目建设计划等。

这里仅介绍勘察与设计阶段的工作过程与内容。

（1）勘察阶段

由建设单位委托有相应资质的勘察单位，针对拟开发的地段，根据拟建建筑的具体位置、层数、建设高度等，进行现场土地钻探的活动。然后在实验室进行土力学实验，得出地下水位高度，每一土层的名称、空间分布与变化、地基承载力大小，并对该场地做出哪一土层作为持力层的建议、建设场地适宜性评价、抗震评价等。最后以工程地质与水文地质勘探报告文件的形式提交建设单位，这是一项有偿活动。设计单位以勘察报告的数据作为基础设计、地基处理的依据。

（2）设计阶段

设计单位接受建设单位的委托，或设计投标中标后，在建设项目不超过设计资质、符合城市规划的前提下，满足建设单位的功能要求或技术经济指标，同时满足建设法律法规、结构安全、防火安全、建筑节能等一系列要求后，以设计文件的形式提交建设单位，这也是一项有偿经济活动。设计是对拟建工程在技术和经济上进行全面的安排，是工程建设计划的具体化，是决定投资规模的关键环节，是组织施工的依据。设计质量直接关系到建设工程的质量，是建设工程的决定性环节。

经批准立项的建设工程，一般应通过招标投标择优选择设计单位。

一般工程进行两阶段设计，即初步设计和施工图设计。有些工程，根据需要可在两阶段之间增加技术设计。

① 初步设计

是根据批准的可行性研究报告和设计基础资料，对工程进行系统研究，概略计算，做出总体安排，拿出具体实施方案。目的是在指定的时间、空间等限制条件下，在总投资控制的额度内和质量要求下，做出技术上可行、经济上合理的设计，并编制工程总概算。

初步设计不得随意改变批准的可行性研究报告所确定的建设规模、产品方案、工程标准、建设地址和总投资等基本条件。如果初步设计提出的总概算超过可行性研究报告总投资的 10% 以上或者其他主要指标需要变更，应重新向原审批单位报批。

② 技术设计

为了进一步解决初步设计中的重大问题，如工艺流程、建筑结构、设备选型等，需要根据初步设计和进一步的调查研究资料进行技术设计。这样做可以使建设工程更具体、更完美，技术指标更合理。

③ 施工图设计

在初步设计或技术设计基础上进行施工图设计，使设计达到施工安装的要求。施工图设计应结合实际情况，完整、准确地展现建筑物的外形、内部空间的分割、结构体系以及建筑系统的组成和周围环境的协调。

在设计单位，设计图纸由建筑、结构、设备、电气等方面的专业人员完成各个专业的施工图，设计完成后，进行校对、审核、专业会签等，最后一套图纸（一般以单项工程为单位）按一定的序列排列，装订成册后提交委托单位。《建设工程质量管理条例》规定，建设单位应将施工图设计文件报县级以上人民政府建设行政主管部门或其他有关部门审查，未经审查批准的施工图设计文件不得使用。

2. 施工单位施工准备阶段

工程项目施工准备工作按其性质及内容通常包括技术准备、物资准备、劳动组织准备、施工现场准备和施工场外准备。

（1）技术准备

技术准备是施工准备的核心。具体内容如下。

① 熟悉、审查施工图纸和有关的设计资料

熟悉、审查设计图纸的程序通常分为自审、会审和现场签证三个阶段。

设计图纸的自审阶段。施工单位收到拟建工程的设计图纸和有关技术文件后，应组织有关的工程技术人员对图纸进行自审。记录对设计图纸的疑问和有关建议等。

设计图纸的会审阶段。一般由建设单位主持，由设计单位、施工单位和监理单位参加，四方共同进行设计图纸的会审。图纸会审时，首先，由设计单位的工程主持人向与会者说明拟建工程的设计依据、意图和功能要求，并对特殊结构、新材料、新工艺和新技术提出要求；其次，施工单位根据自审记录以及对设计意图的了解，提出对设计图纸的疑问和建议；最后，在统一认识的基础上，对所探讨的问题逐一做好记录，形成“图纸会审纪要”，由建设单位正式行文，参加单位共同会签、盖章，作为与设计文件同时使用的技术文件和指导施工的依据，以及建设单位与施工单位进行工程结算的依据。

设计图纸的现场签证阶段。在施工过程中，如果发现施工的条件与设计图纸的条件不符，图纸中仍然有错误，材料的规格、质量不能满足设计要求，施工单位提出了合理化建议等，需要对设计图纸进行及时修订时，应遵循技术核定和设计变更的签证制度，进行图纸的施工现场签证。如果设计变更的内容对拟建工程的规模、投资影响较大，要报请项目的原批准单位批准。在施工现场的图纸修改、技术核定和设计变更资料，都要有正式的文字记录，归入拟建工程施工档案，作为指导施工、工程结算和竣工验收的依据。

② 原始材料的调查分析

自然条件的调查分析。建设地区自然条件的调查分析的主要内容有：地区水准点和绝对标高等情况；地质构造、土的性质和类别、地基土的承载力、地震级别和抗震设防烈度等情况；河流流量和水质、最高洪水和枯水期的水位等情况；地下水位的高低变化，含水层的厚度、流向、流量和水质等情况；气温、雨、雪、风和雷电等情况；土的冻结深度和冬雨期等情况。

技术经济条件的调查分析。建设地区技术经济条件的调查分析的主要内容有：当地施工企业的状况；施工现场的动迁状况；当地可以利用的材料的状况；地方能源和交通运输状况；地方劳动力的技术水平状况；当地生活供应、教育和医疗卫生状况；当地消防、治安状况和施工承包企业的力量等。

③ 编制施工图预算和施工预算

编制施工图预算。施工图预算是按照工程预算定额及其取费标准而确定的有关工程造价的经济文件，它是施工企业签订工程承包合同、工程结算、建设单位拨付工程款、进行成本核算、加强经营管理等工作的重要依据。

编制施工预算。施工预算是根据施工图预算、施工定额等文件编制的，它直接受施工图预算的控制。它是施工企业内部控制各项成本支出、考核用工、“两算”对比、签发施工任务单、限额领料、基层进行经济核算的依据。

④ 编制施工组织设计

施工组织设计是指导施工的重要技术文件。由于建筑工程的技术经济特点，建筑工程没有一个通用型的、一成不变的施工方法，每个工程项目都要分别确定施工方案和施工组织方法，也就是要分别编制施工组织设计，作为组织和指导施工的重要依据。

（2）物资准备

根据各种物资的需要计划，分别落实货源，安排运输和储备，使其满足连续施工的要求。物资准备主要包括建筑材料的准备、构（配）件和制品加工的准备；建筑机具安装的准备和生产工艺设备的准备。

（3）劳动组织准备

劳动组织准备的范围既有整个的施工企业的劳动组织准备，又有大型综合的拟建建设项目的劳动组织准备，也有小型简单的拟建单位工程的组织准备。

这里以一个拟建工程项目为例，说明其劳动组织准备工作的内容：①建立拟建工程项目的领导机构；②建立精干的施工队伍；③集结施工力量、组织劳动力进场，进行安全、防火和文明施工等方面的教育，并安排好职工的生活；④向施工队组、工人进行施工组织设计、计划和技术交底；⑤建立健全各项管理制度。

工地的各项管理制度是否建立健全，直接影响其各项施工活动的顺利进行。其内容通常有：工程质量检查与验收制度；工程技术档案管理制度；材料（构件、配件、制品）的检查验收制度；技术责任制度；施工图纸学习与会审制度；技术交底制度；职工考勤、考核制度；工地及班组经济核算制度；材料出入库制度；安全操作制度；机具使用保养制度。

（4）施工现场准备

①做好施工场地的控制网测量；②搞好“三通一平”，即路通、水通、电通和平整场地；③做好施工现场的补充勘探；④建造临时设施，做好构（配）件、制品和材料的储存和堆放；⑤安装、调试施工机具；⑥及时提供材料的试验申请计划；⑦做好冬、雨期施工安排；⑧进行新技术项目的试制和试验；⑨设置消防、保安设施。

（5）施工场外准备

①材料的加工和订货；②做好分包工作和签订分包合同；③向有关部门提交开工申请报告。

施工单位按规定做好各项准备，具备开工条件以后，建设单位向当地建设行政主管部门提交开工申请报告。经批准，项目进入施工安装阶段。

（三）基本建设项目的实施阶段

这个阶段主要是依据设计图纸进行施工安装，做好生产准备工作，进行竣工验收，交付生产或使用。

1. 施工安装阶段

建设工程具备了开工条件并取得施工许可证后才能开工。

按照规定，工程新开工时间是指建设工程设计文件中规定的任何一项永久性工程正式破土开槽的日期。不需要开槽的工程，以正式打桩的日期为准。铁路、公路、水库等需要进行大量土石方工程的，以开始土石方工程作为正式开工日期。工程地质勘察、平整场地、旧建筑物拆除、临时建筑或设施等的施工不算正式开工。

本阶段的主要任务是按设计进行施工安装，建成工程实体。

在施工安装阶段，施工承包单位应当认真做好图纸会审工作，参加设计交底，了解设计意图，明确质量要求；选择合适的材料供应商；做好人员培训；合理组织施工；建立并落实技术管理、质量管理体系和质量保证体系；严格把好中间质量验收和竣工验收环节。

2. 生产准备阶段

工程投产前，建设单位应当做好各项生产准备工作。生产准备是由建设转入生产经营的重要衔接阶段。在本阶段，建设单位应当做好相关工作的计划、组织、指挥、协调和控制工作。

生产准备阶段的主要工作有：组建管理机构，制定有关制度和规定；招聘并培训生产管理人员，组织有关人员参加设备安装、调试、工程验收；签订供货及运输协议；进行工具、器具、备品、备件等的制造或订货；其他需要做好的工作。

3. 竣工验收阶段

建设工程按设计文件规定的内容和标准全部完成，并按规定将工程内外清

理完毕，达到竣工验收条件后，建设单位即可组织竣工验收，勘察、设计、施工、监理等有关单位应参加竣工验收。竣工验收是考核建设成果、检验设计和施工质量的关键步骤，是投资成果转入生产或使用的标志。竣工验收合格后，建设工程方可交付使用。

竣工验收后，建设单位应及时向建设行政主管部门或其他有关部门备案并移交建设项目档案。

建设工程自办理竣工验收手续后，因勘察、设计、施工、材料等造成的质量缺陷，应及时修复，费用由责任方承担。保修期限、返修和损害赔偿应当遵照《建设工程质量管理条例》的规定。

我国的基本建设程序如图 1-1 所示。

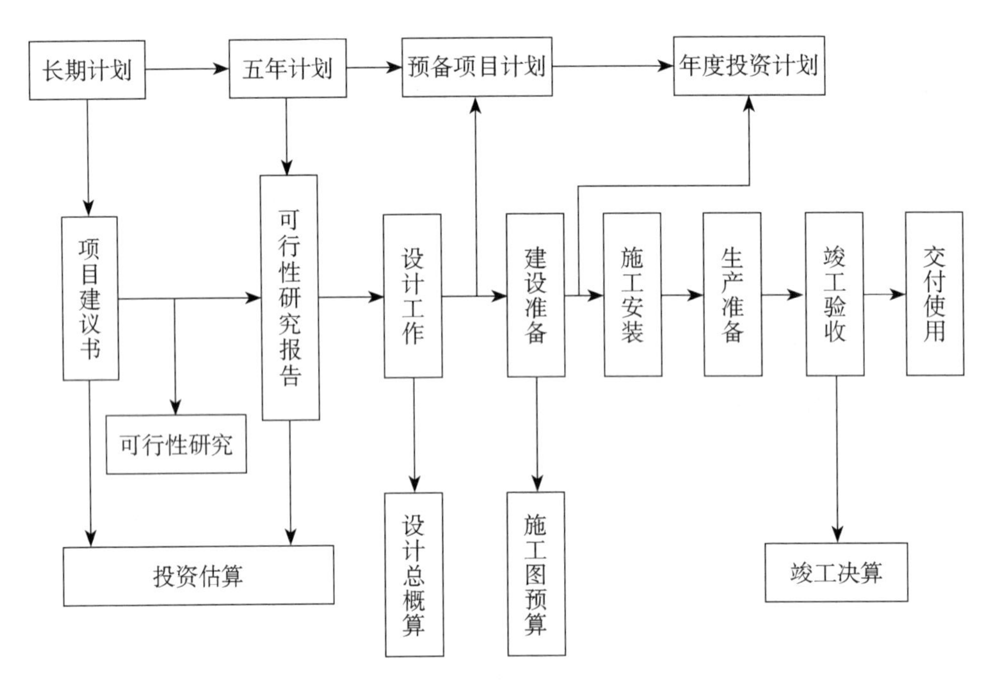

图 1-1　基本建设程序

（四）工程建设管理体制

我国工程建设管理体制改革的目标是：改革市场准入、项目法人责任、招标投标、勘察设计、工程监理、合同管理、工程质量监督和建筑安全生产管理等制度，建立单位资质与个人执业注册管理相结合的市场准入制度，对政府投资工程严格实行四项基本制度，建立通过市场竞争形成工程价格的机制，完善工程风险管理制度，将建设市场的运行管理逐步纳入法制化轨道。按照国家有关规定，在工程建设中应该严格执行四项基本制度，即项目法人责任制、招标投标制、工程监理制和合同管理制。这些制度相互关联、互相支持，共同构成了建设工程管理制度体系。

1. 工程建设项目法人责任制度

国有单位经营性大中型项目在建设阶段必须组建项目法人。项目法人可按《公司法》的规定设立有限责任公司（包括国有独资公司）和股份有限公司。项目法人对项目的策划、资金筹措、建设实施、生产经营、债务偿还和资产的保值增值，实行全过程负责。

2. 工程建设的招标投标制度

大型基础设施、公用事业等关系社会公共利益、公众安全的项目，全部或者部分使用国有资金投资或者国家融资的项目，使用国际组织或者外国政府贷款、援助资金的项目等必须进行招标。招标范围包括工程建设的勘察、设计、施工、监理、材料设备的招标投标。大中型工程建设项目的施工，凡纳入国家或地方财政投资的工程建设项目，可实行国内公开招标；凡利用外资或国际间贷款的工程建设项目，可实行国际招标。

3. 建设项目必须实行工程监理制度

国家重点建设工程，大中型公用事业工程，成片开发建设的住宅小区工程，利用外国政府或者国际组织贷款、援助资金的工程等必须实行监理。工程监理是由具有相应工程监理资质的监理单位按国家有关规定受项目法人委托，对施工承包合同的执行、安全施工、工程质量、进度、费用等方面进行监督与管理。监理单位和监理人员必须全面履行监理服务合同和施工合同规定的各项监理职责，不得损害项目法人和承包人的合法利益。

4. 合同管理制度

建设项目的勘察设计、施工、工程监理以及与工程建设有关的重要建筑材料、设备采购，必须遵循诚实信用原则，依法签订合同，通过合同明确各自的权利、义务。合同当事人应当加强对合同的管理，建立相应的制度，严格履行合同。各级工程主管部门应依照法律法规，加强对合同执行情况的监督。

第二节 建筑与建筑分类

一、建筑的基本概念

建筑是建筑物和构筑物的统称。具体说，供人们进行生产、生活或其他活动的房屋或场所称为建筑物，如住宅、医院、学校、商店等；人们不能直接在其内进行生产、生活的建筑称为构筑物，如水塔、烟筒、桥梁、堤坝、纪念碑等。无论是建筑物还是构筑物，都是为了满足一定功能，运用一定的物质材料和技术手段，依据科学规律和美学原则而建造的相对稳定的人造空间。

建筑通常由三个基本要素构成，即建筑功能、建筑物质技术条件和建筑形象，简称“建筑三要素”。

（一）建筑功能

建筑功能指建筑物在物质精神方面必须满足的使用要求。建筑的功能要求是建筑物最基本的要求，也是人们建造房屋的主要目的。不同的功能要求产生了不同的建筑类型，例如，各种生产性建筑、居住建筑、公共建筑等。而不同的建筑类型又有不同的建筑特点。所以，建筑功能是决定各种建筑物性质、类型和特点的主要因素。

建筑功能要求是随着社会生产和生活的发展而发展的，从构木为巢到现代化的高楼大厦，从手工业作坊到高度自动化的大工厂，建筑功能越来越复杂多样，人们对建筑功能的要求也越来越高。

（二）建筑物质技术条件

建筑物质技术条件包括材料、结构、设备和建筑生产技术（施工）等重要内容。材料和结构是构成建筑空间环境的骨架，设备是保证建筑物达到某种要求的技术条件，而建筑生产技术则是实现建筑生产的过程和方法。例如，钢材、水泥和钢筋混凝土的出现，从材料上解决了现代化建筑中大跨、高层的结构问题；计算机和各种自动控制设备的应用，解决了现代建筑中各种复杂的使用要求；而先进的施工技术，又使这些复杂的建筑得以实现。所以，它们都是达到建筑功能要求和艺术要求的物质技术条件。

建筑的物质技术条件受社会生产水平和科学技术水平制约。建筑在满足社会的物质要求和精神要求的同时，也会反过来向物质技术条件提出新的要求，推动物质技术条件进一步发展。物质技术条件是建筑发展的重要因素，只有在物质技术条件发展到一定水平的情况下，建筑的功能要求和艺术审美要求才有可能实现。

（三）建筑形象

根据建筑的功能和艺术审美要求，并考虑民族传统和自然环境条件，通过物质技术条件的创造，构成一定的建筑形象。构成建筑形象的因素，包括建筑群体和单体的体形、内部和外部的空间组合、立面构图、细部处理、材料的色彩和质感以及光影和装饰的处理等。对这些因素处理得当，就能产生良好的艺术效果，给人以一定的感染力，例如，庄严雄伟、朴素大方、轻松愉快、简洁明朗、生动活泼等。

建筑形象并不单纯是一个美观的问题，它还常常反映社会和时代的特征，表现出特定时代的生产水平、文化传统、民族风格和社会精神面貌，表现出建筑物一定的性格和内容。例如，埃及的金字塔、希腊的神庙、中世纪的教堂、中国古代的宫殿、近代出现的摩天大楼等，它们都有不同的建筑形象，反映着不同的社会文化和时代背景。

三个基本构成要素，满足功能要求是建筑的首要目的，材料、结构、设备等物质技术条件是达到建筑目的的手段，而建筑形象则是建筑功能、技术和艺术内容的综合表现。

二、建筑分类

（一）按建筑物的用途分类

建筑按用途可分为工业建筑与民用建筑。民用建筑根据使用功能可分为居住建筑和公共建筑。

1. 工业建筑

工业建筑是专为工业生产活动而设计建造的建筑物。它们主要服务于各种生产过程，包括原材料的加工、产品的制造以及能源的转换等。工业建筑种类繁多，根据生产性质和工艺特点，可分为多种类型。

（1）重工业建筑

重工业建筑主要服务于重型机械、冶金、化工等重工业领域。这类建筑通常具有承重能力强、结构稳固、通风排气要求高等特点。例如，钢铁厂的高炉车间、炼钢厂的转炉车间等，都是典型的重工业建筑。这些建筑往往采用钢筋混凝土结构或钢结构，以满足生产过程中的高温、高压和重载要求。

（2）轻工业建筑

轻工业建筑则主要服务于纺织、食品、医药等轻工业领域。这类建筑相对较轻便，结构形式较为灵活。例如，纺织厂的织布车间、食品加工厂的生产车间等，都是轻工业建筑的代表。轻工业建筑在设计中更注重通风、采光和卫生条件，以确保生产环境的舒适性和产品质量。

（3）高新技术产业建筑

随着科技的进步和产业的发展，高新技术产业建筑逐渐崭露头角。这类建筑通常具有高度的科技含量和智能化水平，服务于电子信息、生物医药、新能源等高新技术产业。高新技术产业建筑在设计中注重空间的灵活性、高效性和环保性，以适应快速变化的产业需求和科技创新。

2. 居住建筑

居住建筑是人们日常生活和休息的主要场所，包括各种类型的住宅、公寓和宿舍等。它们的设计和建设旨在满足人们的居住需求，提供舒适、安全、便利的生活环境。

（1）住宅建筑

住宅建筑是最常见的居住建筑类型，包括多层住宅、高层住宅、别墅等。在住宅建筑的设计和建设中，需要考虑到居民的生活习惯、家庭结构、空间需求等因素，同时注重节能环保和居住安全。

（2）公寓建筑

公寓建筑一般位于城市中心或商业区，以单元房的形式出售或出租给居民。公寓建筑的设计更加注重空间的利用和功能的多样性，例如设置公共活动区、健身房等，提升居住品质。

（3）宿舍建筑

宿舍建筑通常为学生、工人等集体生活的人群提供居住空间。这类建筑在设计上需要考虑到人数的多少、生活设施的配备以及管理的要求，确保居住者的基本生活需求得到满足。

3. 公共建筑

公共建筑是供人们进行各种社会活动的场所，包括展览馆、医院、学校、商场等。这些建筑在城市生活中扮演着重要的角色，为人们提供交流、学习、娱乐和购物的场所。

（1）展览建筑

展览建筑主要用于展示艺术品、科技产品或文物等，包括博物馆、美术馆、科技馆等。这类建筑的设计需要考虑到展品的特点和展示需求，同时注重空间布局和观众流线的设计，以提升观众的参观体验。

（2）医疗建筑

医疗建筑包括医院、诊所等医疗机构，是提供医疗服务的重要场所。医疗建筑的设计需要考虑到医疗设施的配备、空间布局和通风要求等因素，确保医疗服务的顺利进行。同时，还注重无障碍设计和人性化设计，方便患者就医。

（3）教育建筑

教育建筑主要指学校、幼儿园等教育机构的建筑。这类建筑在设计上需要考虑到不同年龄段的学生的特点和需求，注重空间的灵活性和多样性。同时，还注重教学设施的配备和安全性设计，确保教育活动的顺利进行。

（4）商业建筑

商业建筑包括商场、超市等购物场所，是人们进行购物消费的主要场所。商业建筑的设计需要考虑到商品的展示和销售需求，同时注重空间的舒适性和便利性。例如，设置合理的货架布局和灯光照明，提升购物环境的吸引力。

（二）按使用功能分类

1. 生活服务性建筑

生活服务性建筑是指为满足人们的日常生活需求而建设的各类建筑，包括食堂、菜场、浴室、服务站等。这些建筑通常位于居民区或商业区，为人们的日常生活提供便利。生活服务性建筑在设计时注重实用性、便捷性和舒适性，以满足人们的实际需求。

2. 科研建筑

科研建筑主要用于科学研究和试验活动，包括研究所、科学试验楼等。这类建筑通常具备高度的专业性和技术性，对安全性、耐久性和灵活性要求较高。科研建筑的设计需结合实验设备、研究环境以及科研人员的需求，创造安全、舒适且高效的科研环境。

3. 医疗建筑

医疗建筑是指用于医疗服务活动的各类建筑，包括医院、门诊所、疗养院等。这类建筑对卫生、安全、舒适和人性化设计有着极高的要求。医疗建筑的设计需充分考虑医疗流程、患者需求以及医护人员的工作特点，创造便捷、高效且舒适的医疗环境。

4. 商业建筑

商业建筑是指用于商业活动的各类建筑，包括超市、商场等。这类建筑通常位于繁华的商业街区，具备吸引人流、展示商品和促进消费的功能。商业建筑的设计需注重空间布局、视觉效果和购物体验，以提升商业价值和竞争力。

5. 行政办公建筑

行政办公建筑是指政府机关、企事业单位等进行行政管理和办公活动的建筑，包括各种办公楼、写字楼等。这类建筑在设计时需考虑到组织的职能特点和办公需求，合理规划空间布局、交通流线以及办公环境，确保高效、舒适且安全。

6. 交通建筑

交通建筑是指用于交通运输和人流集散的建筑设施，包括火车站、客运站、航空港、地铁站等。这类建筑在设计时需注重人流组织、导向标识以及安全设施的设置，确保旅客能够便捷、安全地出行。同时，交通建筑还需考虑与周边环境的协调，以及未来城市发展规划。

7. 通信广播建筑

通信广播建筑是指用于通信和广播业务的建筑，包括邮电所、广播电台、电视塔等。这类建筑在设计时需考虑到通信和广播设备的特殊性，以及信号的传输和接收要求。同时，还注重建筑的防雷、防火和抗震等安全措施，确保通信广播业务的稳定运行。

8. 体育建筑

体育建筑是指用于体育活动的各类建筑，包括体育馆、体育场、游泳池等。这类建筑在设计时需结合体育项目的特点和运动规律，合理布置场地、看台和辅助设施，以提供优质的观赛和参赛体验。同时，还注重建筑的声学、光学和节能等方面，以满足不同体育赛事的需求。

9. 观演建筑

观演建筑是指用于观看演出的各类建筑，包括电影院、剧院、杂技场等。这类建筑在设计时注重观众的视觉和听觉感受，合理布置座位、舞台和灯光音响等设备，创造舒适、震撼的观演环境。同时，还需考虑建筑的声学性能和防火安全措施，确保演出的顺利进行和观众的安全。

10. 展览建筑

展览建筑是指用于展示和陈列各类展品的建筑，包括展览馆、博物馆等。

这类建筑在设计时注重展品的展示效果和观众的参观体验，合理规划空间布局、展线设置以及照明和通风等环境设施。同时，还需结合展品的特性和主题，营造具有特色的展览氛围，吸引观众的关注和参与。

11．旅馆建筑

旅馆建筑是指提供住宿服务的建筑，包括各类旅馆、宾馆等。这类建筑在设计时需考虑到旅客的住宿需求和舒适度，合理规划客房布局、设施配置以及公共空间。同时，还注重建筑的外观设计和文化内涵的表达，以提升旅馆的品牌形象和市场竞争力。

12．园林建筑

园林建筑是指用于美化环境、提供休闲场所的建筑，包括公园、动植物园等。这类建筑在设计时注重与环境的融合和协调，创造自然、舒适且富有文化内涵的休闲空间。园林建筑还需考虑人流组织、安全设施以及景观照明等方面，以满足人们的休闲和娱乐需求。

13．纪念性建筑

纪念性建筑是指用于纪念历史事件或人物的建筑，包括纪念堂、纪念碑等。这类建筑通常具有深厚的文化内涵和历史价值，其设计需结合纪念主题和历史背景，体现庄重、肃穆且富有感染力的视觉效果。同时，还注重建筑的安全性和耐久性，确保其能够长期保存并传承历史文化。

14．文教建筑

文教建筑是进行文化教育活动的场所，包括学校、图书馆等。这类建筑需要满足学生的学习和阅读需求，具有较大的空间容量和舒适的学习环境。在建筑施工过程中，应注重教学设施的完善性和空间的合理性布局，以提高教育质量。

15．托幼建筑

托幼建筑是照顾和培养婴幼儿成长的重要场所，包括托儿所、幼儿园等。这类建筑需要满足婴幼儿的成长需求和家长的照顾需求，注重空间的安全性和趣味性。在建筑施工过程中，应注重婴幼儿活动区域的设置和设施的完善性，以提供良好的成长环境。

（三）按建筑高度分类

1. 高层建筑

高层建筑是现代城市中的重要组成部分，以其独特的高度和形象成为城市的地标性建筑。高层建筑不仅满足了城市快速发展中对于空间的需求，也展示了人类在建筑技术和美学方面的卓越成就。

（1）定义

高层建筑的定义主要基于其高度。通常情况下，高层建筑是指建筑高度大于 27m 的住宅建筑和建筑高度大于 24m 的非单层厂房、仓库和其他民用建筑。这样的定义标准有助于准确界定哪些建筑属于高层建筑的范畴。

（2）特点

高层建筑具有以下显著特点。

① 建筑较高：高层建筑的显著特征之一是其高度远超一般建筑，能够充分利用有限的土地资源，通过增加建筑高度来提高土地的利用效率，提供更多的生活和工作空间，满足城市人口的快速增长需求。

② 视野开阔：高层建筑在景观、视线等方面也具有独特的优势，能够为居民提供更加美好的生活环境。

③ 功能多样：高层建筑往往集住宅、办公、商业、娱乐等多种功能于一体，能够满足不同人群的需求。

（3）设计与施工要点

高层建筑的设计与施工是一项复杂的工程任务。在设计阶段，需要充分考虑建筑的结构安全、抗震性能、消防安全等因素，确保建筑的稳定性和安全性。在施工阶段，需要采用先进的施工技术和设备，确保施工质量和进度。同时，对于高层建筑的裙房部分，也要注意与主体建筑的协调和统一。

2. 单多层建筑

与高层建筑相比，单多层建筑相对较低，但其在城市中同样扮演着重要的角色。单多层建筑主要满足一些特定功能需求，如商业、办公、住宅等。

（1）定义

单多层建筑是指那些不符合高层建筑标准的建筑，即建筑高度不超过 27m 的住宅建筑和建筑高度不超过 24m 的非单层厂房、仓库和其他民用建筑。这些建筑在城市中广泛分布，是城市建筑的重要组成部分。

单多层建筑在功能和形式上具有多样性。它们可以是住宅楼、办公楼、商业综合体等不同类型的建筑。在形式上，单多层建筑可以根据不同的需求和场地条件进行灵活的设计，以满足不同的使用要求。

（2）特点

① 建筑高度较低：单多层建筑的建筑高度一般不超过 24m，其空间布局和使用功能相对较为简单。

② 结构形式灵活：由于高度较低，单多层建筑在结构设计上具有较高的灵活性，可以采用多种结构形式。

③ 功能相对单一：单多层建筑功能相对较单一，因此适用于住宅、商业、学校等特定功能的场所。

（3）建设与改造

单多层建筑的建设和改造也是建筑领域的重要任务之一。在建设阶段，需要充分考虑建筑的功能布局、空间利用以及外观设计等因素，确保建筑的质量和效果。在改造阶段，需要对现有的建筑进行改造升级，以提高其使用价值和适应性。

3. 超高层建筑

超高层建筑是建筑高度超过 100m 的建筑物，可以是住宅也可以是公共建筑。这类建筑以其惊人的高度和壮观的形象成为城市的地标性建筑。

（1）定义

超高层建筑是建筑领域的一项挑战和突破，它们以其惊人的高度和独特的结构特征吸引着人们的目光。超高层建筑在设计和施工过程中需要考虑更多的因素，面临更大的挑战，包括结构安全、抗风性能、电梯设备等多个方面。

（2）特点

① 建筑高度极高：超高层建筑的高度远超一般建筑，往往成为城市的地标

和景观节点。

② 结构设计先进：超高层建筑在结构设计上必须采用先进的技术和理念，以确保建筑的安全性和稳定性。

③ 功能齐全且复杂：超高层建筑通常集办公、商业、娱乐、观光等多种功能于一体，形成多功能、高效率的综合体。

（3）技术与挑战

超高层建筑的建设需要借助先进的技术和设备，如高性能混凝土、钢结构、电梯技术等。这些技术的应用不仅提高了建筑的稳定性和安全性，也为建筑的创新和突破提供了可能。然而，超高层建筑的建设也面临着许多挑战，如施工难度大、投资成本高等问题。

随着城市化进程的加快和人们对于更高生活品质的追求，超高层建筑在未来仍将继续发展和壮大。未来，随着技术的不断进步和人们对于可持续发展的重视，超高层建筑的设计和建设将更加注重环保和节能，为人们提供更加舒适、健康的生活环境。

（四）按建筑结构类型分类

1．砌体结构建筑

砌体结构建筑主要采用砌体块材（如砖、砌块、石等）与砂浆砌筑成墙体，并使用钢筋混凝土楼板和钢筋混凝土屋面板。这种建筑结构具有悠久的历史，因其成本低、施工简便而被广泛应用于住宅、小型商业建筑和公共设施等。

（1）特点

① 材料易得：砌体材料如砖、石等取材方便，易于获取。

② 施工简单：砌体结构的施工工艺成熟，施工速度快，技术难度相对较低。

③ 经济性好：砌体结构建筑的成本较低，适用于大规模住宅建设。

（2）适用范围

① 低层住宅：砌体结构适用于低层住宅建筑，如农村自建房、多层住宅等。

② 小型商业建筑：由于施工简便和经济性好，砌体结构也适用于小型商业建筑和公共设施。

2. 混凝土结构建筑

混凝土结构建筑的主要承重构件全部采用钢筋混凝土。这种结构具有强度高、耐久性好、抗震性能优越等特点，广泛应用于高层建筑、桥梁、隧道等大型工程项目。

（1）特点

① 强度高：钢筋混凝土结构具有较高的抗压、抗拉和抗剪强度，能够承受较大的荷载。

② 耐久性好：钢筋混凝土结构耐腐蚀、抗风化，使用寿命长。

③ 抗震性能优越：钢筋混凝土结构具有较好的整体性和延性，能够有效地抵抗地震等自然灾害。

（2）适用范围

① 高层建筑：混凝土结构适用于高层建筑，如摩天大楼、写字楼等。

② 桥梁与隧道：桥梁、隧道等大型工程项目需要承受较大的荷载和具有较高的抗震性能，因此常采用混凝土结构。

3. 钢结构建筑

钢结构建筑的主要承重构件全部采用钢材。钢结构具有重量轻、强度高、施工速度快、环保节能等优点，逐渐在大型公共建筑、工业厂房等领域得到广泛应用。

（1）特点

① 重量轻：钢材的密度较小，使得钢结构建筑具有较轻的自重，减轻了地基承载压力。

② 强度高：钢材具有较高的强度和刚度，能够承受较大的荷载。

③ 施工速度快：钢结构建筑采用预制构件，施工效率高，工期短。

④ 环保节能：钢材可回收再利用，符合绿色建筑理念，同时钢结构建筑具有良好的保温隔热性能，有助于节能减排。

（2）适用范围

① 大型公共建筑：如体育馆、会展中心等，钢结构能够满足其大跨度、高空间的需求。

② 工业厂房：钢结构适用于工业厂房的建设，其高强度和轻便性可很好地满足厂房内部设备的安装和运行需求。

4. 木结构建筑

木结构建筑主要以木材作为承重材料，包括围护材料也主要由木材建造。这种建筑结构具有天然、环保、舒适等特点，在住宅、度假村等领域得到一定应用。

（1）特点

① 天然环保：木材作为天然材料，具有良好的环保性能，有助于实现绿色建筑。

② 舒适度高：木结构建筑具有较好的保温隔热性能，能够提供舒适的生活环境。

③ 造型多样：木材具有较好的加工性能，能够实现多样化的建筑造型和设计。

（2）适用范围

① 住宅与度假村：木结构建筑适用于追求自然、环保、舒适的住宅和度假村建设。

② 园林景观建筑：在园林景观中，木结构建筑可以作为景观节点，提升整体景观效果。

第三节　建筑材料与建筑构造

一、建筑材料简介

（一）建筑工程材料分类

构成各类建筑物和构筑物的材料称为建筑工程材料，它包括地基基础、梁、板、柱、墙体、屋面、地面等用到的各种材料。

建筑工程材料有不同的分类方法，如按建筑工程材料的功能与用途分类，可以分为结构材料、防水材料、保温材料、吸声材料、装饰材料、地面材料、屋面材料等；按化学成分分类，可将建筑材料分为无机材料、有机材料和复合材料，见表 1–1。

表 1–1　建筑材料分类

<table>
<tr><td rowspan="15">建筑材料</td><td rowspan="8">无机材料</td><td rowspan="2">金属材料</td><td colspan="2">黑色金属：钢、铁</td></tr>
<tr><td colspan="2">有色金属：铝、铝合金、铜、铜合金等</td></tr>
<tr><td rowspan="6">非金属材料</td><td colspan="2">天然石材：花岗石、石灰石、大理石、砂岩石、玄武石等</td></tr>
<tr><td colspan="2">烧结与熔融制品：烧结砖、陶瓷、玻璃、岩棉等</td></tr>
<tr><td rowspan="2">胶凝材料</td><td>水硬性胶凝材料：各种水泥等</td></tr>
<tr><td>气硬性胶凝材料：石灰、石膏、水玻璃、菱苦土等</td></tr>
<tr><td colspan="2">混凝土及砂浆制品等</td></tr>
<tr><td colspan="2">硅酸盐制品等</td></tr>
<tr><td rowspan="3">有机材料</td><td colspan="3">植物材料：木材、竹材及其制品等</td></tr>
<tr><td colspan="3">合成高分子材料：塑料、涂料、胶黏剂、密封材料等</td></tr>
<tr><td colspan="3">沥青材料：石油沥青、煤沥青及其制品等</td></tr>
<tr><td rowspan="4">复合材料</td><td rowspan="2">无机材料基复合材料</td><td colspan="2">混凝土、砂浆、钢筋混凝土等</td></tr>
<tr><td colspan="2">水泥刨花板、聚苯乙烯、泡沫混凝土等</td></tr>
<tr><td rowspan="2">有机材料基复合材料</td><td colspan="2">沥青混凝土、树脂混凝土、玻璃纤维增强塑料（玻璃钢）等</td></tr>
<tr><td colspan="2">胶合板、竹胶板、纤维板等</td></tr>
</table>

这里仅对建筑工程大量使用的建筑钢材、水泥、混凝土进行简单介绍。

（二）建筑钢材

建筑钢材指用于钢结构的各种材料（如圆钢、角钢、工字钢等）、钢板、钢管和用于钢筋混凝土中的各种钢筋、钢丝等。钢材具有强度高、有一定的塑性和韧性、可承受冲击和振动荷载、可以焊接和铆接、便于装配等特点，因此，在建筑工程中大量使用钢材作为结构材料。用型钢制作钢结构，安全性高，自重轻，适用于大跨度及多层、高层结构；用钢筋制作的钢筋混凝土结构，虽自重较大，但用钢量较少，还克服了钢结构因锈蚀而维护费用高的缺点，因而钢筋混凝土结构在工程中被广泛采用，钢筋是最重要的建筑材料之一。

用于钢筋混凝土结构的国产普通钢筋可使用热轧钢筋，热轧钢筋是由低碳钢、普通低合金钢在高温状态下轧制而成的。热轧钢筋为软钢，其应力—应变曲线有明显的屈服阶段，断裂时有“颈缩”现象，伸长率比较大。热轧钢筋根据其力学指标的高低，分为Ⅰ级（HPB300）、Ⅱ级（HRB335）、Ⅲ级（HRB400、HRBF400、RRB400）、Ⅳ级（HRB500、HRBF500）四个级别。Ⅰ级钢筋强度最低，Ⅳ级钢筋强度最高。钢筋混凝土结构中的纵向受力钢筋宜采用HRB400、HRB500、HRBF400、HRBF500钢筋，箍筋宜采用HRB400、HRBF400、HPB300、HRB500、HRBF500钢筋。预应力钢筋宜采用预应力钢丝、钢绞线和预应力螺纹钢筋。RRB400钢筋不宜用于重要受力部位，不应用于直接承受疲劳荷载的构件，钢筋混凝土结构中使用的钢筋可以分为柔性钢筋和劲性钢筋。常用的普通钢筋统称为柔性钢筋，其外形有光圆和带肋两类，带肋钢筋又分为等高肋和月牙肋两种。Ⅰ级钢筋是光圆钢筋，Ⅱ、Ⅲ、Ⅳ级钢筋是带肋的，统称为变形钢筋。钢丝的外形通常为光圆，也有在表面刻痕的。柔性钢筋可绑扎或焊接成钢筋骨架或钢筋网，分别用于梁、柱或板、壳结构中。劲性钢筋刚度很大，施工时模板及混凝土的重力可以由其自身来承担，因此能加速并简化支模工作，承载能力也比较强。

钢筋的应力—应变曲线有的有明显的屈服阶段，例如，热轧低碳钢和普通热轧低合金钢所制成的钢筋。对有明显屈服阶段的钢筋，在计算承载力时以屈服点作为钢筋强度限值；对没有明显屈服阶段或屈服点的钢筋，一般将塑性应变为0.2%时的应力定为屈服强度。

建筑钢材的主要性能包括力学性能和工艺性能。其中，力学性能是钢材最重要的使用性能，包括拉伸性能、冲击性能、疲劳性能等。工艺性能表示钢材在各种加工过程中的行为，包括弯曲性能和焊接性能。

反映建筑钢材拉伸性能的指标包括屈服强度、抗拉强度和伸长率。屈服强度是结构设计中钢材强度的取值依据。抗拉强度与屈服强度之比称为强屈比，是评价钢材使用可靠性的一个参数。强屈比越大，钢材受力超过屈服点工作时的可靠性越大，安全性越高，但强屈比过大，钢材强度利用率偏低，浪费材料。伸长率是钢材发生断裂时所能承受永久变形的能力。伸长率越大，说明钢材的塑性越大。对常用的热轧钢筋而言，还有一个最大力总伸长率的指标要求。

（三）水泥

水泥呈粉末状，与水混合后，经物理化学作用能由可塑性浆体变成坚硬的石状体，并能将散粒状材料胶结成为整体，所以，水泥是一种良好的矿物胶凝材料。水泥浆体不但能在空气中硬化，还能在水中硬化、保持并继续增长其强度，故水泥属于水硬性胶凝材料。

水泥是最重要的建筑材料之一，在建筑、道路、水利和国防等工程中应用广泛，常用来制造各种形式的混凝土、钢筋混凝土、预应力混凝土构件和建筑物，也常用于配制砂浆，以及用作灌浆材料等。

随着基本建设发展的需要，水泥品种越来越多。按化学成分，水泥可分为硅酸盐水泥、铝酸盐水泥、硫铝酸盐水泥、铁铝酸盐水泥等，其中，以硅酸盐系列水泥应用最广。

硅酸盐系列水泥按其性能和用途，又可分为通用水泥、专用水泥和特性水泥三大类。

通用硅酸盐水泥是以硅酸盐水泥熟料和适量的石膏，以及规定的混合材料制成的水硬性胶凝材料。硅酸盐水泥熟料由主要含 CaO、SiO_2、Al_2O_3、Fe_2O_3 的原料，按适当比例磨成细粉烧至部分熔融所得的以硅酸钙为主要矿物成分的水硬性胶凝物质，其中，硅酸钙矿物不小于 66%，氧化钙和氧化硅质量比不小于 2.0。

通用硅酸盐水泥按混合材料的品种和掺量分为硅酸盐水泥、普通硅酸盐水泥、矿渣硅酸盐水泥、火山灰质硅酸盐水泥、粉煤灰硅酸盐水泥和复合硅酸盐水泥。

通用硅酸盐水泥广泛应用于一般建筑工程，专用水泥是指专门用途的水泥，如砌筑水泥、道路水泥等。特性水泥则是指某种性能比较突出的水泥，如快硬硅酸盐水泥、白色硅酸盐水泥、抗硫酸盐硅酸盐水泥、低热硅酸盐水泥、硅酸盐膨胀水泥等。

1. 硅酸盐水泥的生产及凝结硬化过程

（1）生产过程

硅酸盐水泥是通用水泥中的一个基本品种，其主要原料是石灰质原料和黏土质原料。石灰质原料主要提供 CaO，可以采用石灰岩和贝壳等，其中多用石灰岩。黏土质原料主要提供 SiO_2、Al_2O_3 及少量 Fe_2O_3，可以采用黏土、黄土、页岩、泥岩、粉砂岩等。其中，以黏土与黄土用得最多。为满足成分的要求还常用校正原料，例如，用铁矿粉等原料补充氧化铁的含量，以砂岩等硅质原料增加二氧化硅的成分等。

硅酸盐水泥的生产过程分为制备生料、煅烧熟料、粉磨水泥等三个阶段，简称“两磨一烧”。

（2）凝结硬化过程

①水泥加入水后，水泥颗粒外表会发生剧烈的水化反应，生成水化物。②随着水泥水化反应的不断进行，水泥颗粒表层会形成一层半透明的膜层，减少了外部水的渗入，降低水化反应速度，这一过程被称为休止期。③水化反应不断增加，膜层厚度也不断增加，水泥颗粒之间相互黏结，形成了网状结构的混凝土，浆体的可塑性也降低，逐渐失去了流动性并且开始凝结，但是没有强度，这一过程被称为凝结期。④在整个胶凝体和晶体发展过程中，水化反应促使网状结构中的细孔不断被填充，结构逐渐紧缩，当具有了一定的强度，也就是从水泥凝结开始，直到完全收缩，凝结终了，这一过程被称为硬化期。

2. 硅酸盐水泥与普通水泥的主要技术性质

（1）凝结时间

水泥的凝结时间有初凝与终凝之分。自加水起至水泥浆开始失去塑性、流动性减小所需要的时间，称为初凝时间。自加水起至水泥浆完全失去塑性、开始有一定结构强度所需要的时间，称为终凝时间。国家标准规定：硅酸盐水泥初凝时间不少于 45min，终凝时间不超过 390min；普通硅酸盐水泥、矿渣硅酸盐水泥、火山灰质硅酸盐水泥、粉煤灰硅酸盐水泥和复合硅酸盐水泥初凝时间不少于 45min，终凝时间不超过 600min。凝结时间不符合规定者为不合格品。

规定水泥的凝结时间在施工中具有重要的意义。初凝不宜过快是为了保证有足够的时间在初凝之前完成混凝土成型等各工序的操作；终凝不宜过迟是为了使混凝土在浇捣完毕后能尽早凝结硬化，产生强度，以利于下一道工序及早进行。

（2）体积安定性

水泥的体积安定性是指水泥在凝结硬化过程中体积变化的均匀性。水泥硬化后产生不均匀的体积变化即体积安定性不良，水泥体积安定性不良会使水泥制品、混凝土构件产生膨胀性裂缝，降低建筑物质量，甚至引起严重工程事故。因此，水泥的体积安定性检验必须合格，体积安定性不合格的水泥为不合格品。

（3）细度

细度是指水泥颗粒的粗细程度。细度可鉴定水泥的品质，是选择性指标。国家标准规定，硅酸盐水泥和普通硅酸盐水泥以比表面积表示，不小于 $300m^2/kg$；矿渣硅酸盐水泥、火山灰质硅酸盐水泥、粉煤灰硅酸盐水泥和复合硅酸盐水泥以筛余表示，80 μm 方孔筛筛余不大于 10% 或 45 μm 方孔筛筛余不大于 30%。

3. 常用水泥的特性及应用

六大常用水泥的主要特性见表 1–2。

表 1–2　常用水泥的主要特性

	硅酸盐水泥	普通硅酸盐水泥	矿渣硅酸盐水泥	火山灰质硅酸盐水泥	粉煤灰硅酸盐水泥	复合硅酸盐水泥
主要特性	凝结化快、早期度高；水化热大；抗冻性好；耐热性差；耐蚀性差；干缩性较小	凝结硬较快、早期强较高；水化热较大；抗冻性较好；耐热性较差；耐蚀性较差；干缩性较小	凝结硬化慢、早期强度低，后期强度增长较快；水化热较小；抗冻性差；耐热性好；耐蚀性较好；干缩性较大；泌水性大、抗渗性差	凝结硬化慢、早期强度低，后期强度增长较快；水化热较小；抗冻性差；耐热性较差；耐蚀性较好；干缩性较大；抗渗性较好	凝结硬化慢、早期强度低，后期强度增长较快；水化热较小；抗冻性差；耐热性较差；耐蚀性较好；干缩性较小；抗裂性较高	凝结硬化慢、早期强度低，后期强度增长较快；水化热较小；抗冻性差；耐蚀性较好；其他性能与所掺入的两种或两种以上混合材料的种类、掺量有关

（四）混凝土

混凝土是由胶凝材料、粗细骨料与水按一定比例，经过搅拌、捣实、养护、硬化而成的一种人造石材。混凝土有时还掺入化学外加剂以改造性能，如达到减水、早强、调凝、抗冻、膨胀、防锈等要求。建筑工程中使用最广泛的是用水泥做胶凝材料的混凝土。由水泥和普通砂、石配制而成的混凝土称为普通混凝土。

混凝土材料具有原料广泛、制作简单、造型方便、性能良好、耐久性强、防火性能好及造价低等优点，因此，应用非常广泛。但这种材料也存在抗拉强度低、质量大等缺点，而钢筋混凝土和预应力混凝土较好地弥补了抗拉强度低的缺陷。

现代的混凝土正向着轻质、高强、多功能方向发展。采用轻骨料配制混凝土，表观密度仅为 800 ~ 1400kg/m^3，其强度可达 30MPa。这种混凝土既能减轻自重，又能改善热工性能。采用高强度混凝土，可以达到减小结构构件的截面、节约混凝土和降低建筑物自重以及增加建筑的净使用空间的目的。

1．混凝土组成材料

在混凝土中，砂、石起骨架作用，称为骨料。水泥与水形成水泥浆，水泥浆包裹在骨料表面并填充其空隙。在硬化前，水泥浆起润滑作用，赋予拌和物一定和易性，且便于施工。水泥浆硬化后，则将骨料胶结成一个坚实的整体。混凝土的结构如图 1–2 所示。

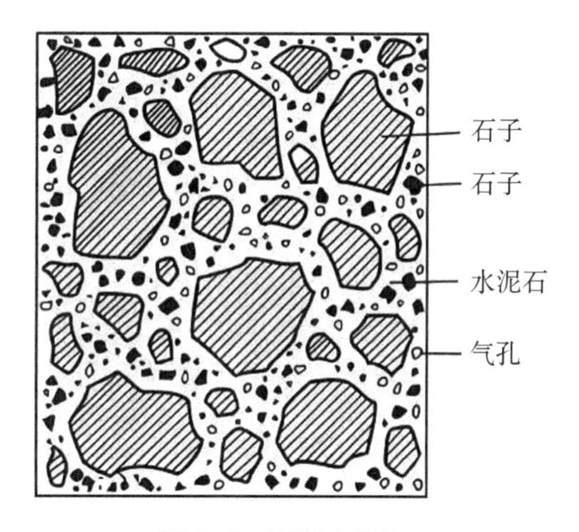

图 1–2　混凝土结构

（1）水泥

配制混凝土一般可采用硅酸盐水泥、普通硅酸盐水泥、矿渣硅酸盐水泥、火山灰质硅酸盐水泥和粉煤灰硅酸盐水泥。必要时可采用快硬硅酸盐水泥或其他水泥。采用何种水泥，应根据混凝土工程特点和所处的环境条件，参照表 1–2 选用。

水泥强度等级的选择应与混凝土的设计强度等级相适应。原则上是配制高强度等级混凝土，选用高强度等级水泥；配制低强度等级混凝土，选用低强度等级水泥。如必须用高强度等级水泥配制低强度混凝土，会使水泥用量偏少，影响混凝土和易性及密实度，所以，应掺入一定数量的混合材料。如必须用低强度等级水泥配制高强度等级混凝土，会使水泥用量过多，不经济，而且影响混凝土其他性质。

（2）细骨料

粒径为 0.16 ~ 5mm 的骨料为细骨料（砂）。一般采用天然砂，它是岩石风化后所形成的大小不等、由不同矿物散粒组成的混合物，一般有河砂、海砂、山砂。普通混凝土用砂多为河砂。河砂是岩石风化后经河水冲刷而成。河砂的特征是颗粒光滑、无棱角。山区所产的砂粒为山砂，是由岩石风化而成，特征是多棱角。沿海地区的砂称为海砂，海砂中含有的氯盐对钢筋有锈蚀作用。

砂子的粗细颗粒要搭配合理，不同颗粒等级搭配称为级配。因此，混凝土用砂要符合理想的级配。砂子的粗细程度还可以用细度模数来表示。一般细度模数为 3.1 ~ 3.7mm 的称为粗砂，2.3 ~ 3.0mm 的称为中砂，1.6 ~ 2.2mm 的称为细砂，0.7 ~ 1.5mm 的称为特细砂。配制混凝土的细骨料要求清洁不含杂质，以保证混凝土的质量。

（3）粗骨料

粒径大于 5mm 的骨料，通常为石子。石子又有碎石和卵石之分。天然岩石经过人工破碎筛分而成的称为碎石，经过河水冲刷而成的称为卵石。碎石的特征是多棱角，表面粗糙，与水泥黏结较好；而卵石则表面圆滑，无棱角，与水泥黏结不太好，但流动性较好，对泵送混凝土较有利。在水泥和水用量相同的情况下，用碎石拌制的混凝土强度较高，但流动性差，而卵石拌制的混凝土流动性好，但强度较低。石子中各种粒径分布的范围称为粒级。粒级又分为连续粒级和单粒级两种。建筑上常用的有 5 ~ 10mm、6 ~ 15mm、5 ~ 20mm、5 ~ 30mm 和 6 ~ 40mm 五种连续粒级。单粒级石子主要用于按比例组配良好的骨料。要根据结构的薄厚及钢筋疏密的程度确定粗骨料的粒级。

（4）水

混凝土拌和用水要求洁净，不含有害杂质。凡是能饮用的自来水或清洁的天然水都能拌制混凝土。酸性水、含硫酸盐或氯化物以及遭受污染的水和海水都不宜拌和混凝土。

2. 混凝土的抗压强度

混凝土的强度与水泥强度等级、水灰比有很大关系，骨料的性质、级配、混凝土成型方法、硬化时的环境条件及混凝土的龄期等不同程度地影响混凝土的强度。试件的大小、形状，试验方法和加载速率也影响混凝土的强度。

混凝土的抗压强度有立方体抗压强度和轴心抗压强度两种，这里仅对前者进行简单介绍。

立方体试件的强度比较稳定，制作及试验比较方便，所以，我国把立方体强度值作为混凝土的强度基本指标，并把立方体抗压强度作为在统一试验方法下评定混凝土强度的标准，也是衡量混凝土各种力学指标的代表值。我国《普通混凝土力学性能试验方法标准》规定以边长为150mm的立方体为标准试件，标准立方体试件在20℃ ±2℃的温度和相对湿度95%以上的潮湿空气中养护28d，试件的承压面不涂润滑剂，按照标准试验方法测得的抗压强度作为混凝土的立方体抗压强度，单位为N/mm^2（MPa）。

《混凝土结构设计规范》规定，混凝土强度等级应按立方体抗压强度标准值确定，用符号fcu，k表示，即用上述标准试验方法测得的具有95%保证率的立方体抗压强度作为混凝土的强度等级。《混凝土结构设计规范》规定的混凝土强度等级有C15、C20、C25、C30、C35、C40、C45、C50、C55、C60、C65、C70、C75和C80，共14个等级。例如，C30表示立方体抗压强度标准值为$30N/mm^2 \leq fcu，k < 35N/mm^2$。其中，C50 ~ C80属高强度混凝土范畴。

《混凝土结构设计规范》规定，素混凝土结构的混凝土强度等级不应低于C15；钢筋混凝土结构的混凝土强度等级不应低于C20；采用强度级别400MPa及以上的钢筋时，混凝土强度等级不应低于C25；承受重复荷载的钢筋混凝土构件，混凝土强度等级不应低于C30；预应力混凝土结构的混凝土强度等级不宜低于C40，且不应低于C30。

加载速度对立方体强度也有影响，加载速度越快，测得的强度越高。通常规定混凝土强度等级低于C30时，加载速度取每秒钟（0.3 ~ 0.5）N/mm^2；混凝土强度等级高于或等于C30时，取每秒钟（0.5 ~ 0.8）N/mm^2。

混凝土的立方体强度还与成型后的龄期有关，混凝土的立方体抗压强度随着成型后混凝土的龄期逐渐增长，开始时增长速度较快，后来逐渐缓慢，强度增长过程往往需要几年，在潮湿环境中时间更长。

二、建筑构造概述

（一）建筑构造组成

建筑物是由许多部分组成的，各部分在不同的位置上发挥着不同的作用。民用建筑一般由基础、墙体（或柱）、楼板层、地坪、屋顶、楼梯和门窗等几大部分构成，如图 1–3 所示。

1. 基础

基础是建筑物底部与地基接触的承重结构，承受着建筑物的全部荷载，并把这些荷载传递给地基。因此，地基必须固定、稳定、可靠。

2. 墙体（或柱）

砌体结构的墙体是建筑物的承重构件，也可以是建筑物的围护构件。框架结构的柱是承重结构，而墙体仅是分隔空间或抵抗风、雨、雪的围护构件。

3. 楼板层

楼板层是楼房建筑中水平方向的承重构件。楼板将整个建筑物分成若干层，它承受着人、家具以及设备的荷载，并将这些荷载传递给墙体或柱，它应该有足够的强度和刚度。卫生间、厨房等房间还应具有防水、防潮能力。

4. 地坪

地坪是房间与土层相接触的水平部分，它承受着底层房间中人和家具等荷载，不同性质的房间应该具有不同的功能，如防潮、防滑、耐磨、保温等。

5. 屋顶

屋顶是建筑物顶部水平的围护构件和承重构件。它抵御着自然界对建筑物的影响，承受着建筑物顶部的荷载，并将荷载传给墙体或柱。屋顶必须具有足够的强度和刚度，并具有防水、保温、隔热等性能。

6. 楼梯

楼梯是建筑物中的垂直交通工具，作为人们上下楼和发生事故时的紧急疏散通道。

7. 门窗

门主要用来通行和紧急疏散，窗主要用来采光和通风。开门以沟通室内外，开窗以沟通人和大自然。处于外墙上的门和窗属于围护构件。

8. 附属部分

民用建筑中除了上述构件，还有一些附属部分，如阳台、雨篷、台阶、烟筒等。民用建筑的特种构造以及工业建筑构造可参考有关书籍。

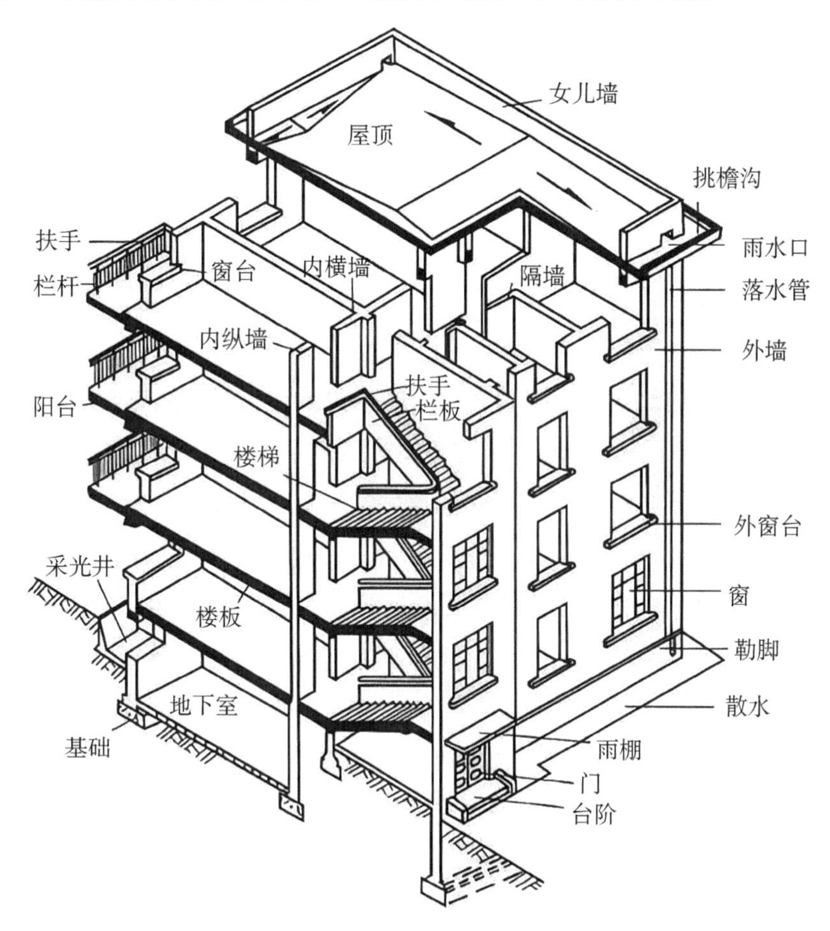

图 1–3　民用建筑的构造组成

（二）建筑构造的影响因素

民用建筑物从建成到使用，要受到许多因素的影响，这些因素主要有以下几种。

1. 外界环境的影响

在建筑设计中，外界环境是影响建筑构造的重要因素之一。主要包括外界作用力、气候条件和人为因素三个方面。

（1）外界作用力

外界作用力主要包括人、家具和设备以及建筑自身的重量，以及风力、地震力、雪荷载等自然力量。这些作用力的大小是建筑设计的主要依据，它们直接决定了建筑构件的尺度和用料。

在设计中，必须充分考虑这些作用力的影响，以确保建筑的安全性和稳定性。例如，对于高层建筑，必须考虑风荷载对建筑物的影响，采取相应的防风措施；对于地震频发的地区，则必须注重抗震设计，使建筑在地震中能够保持稳定。

（2）气候条件

气候条件也是影响建筑构造的重要因素之一。对于不同的气候条件，如风、雨、雪、日晒等，建筑构造应该考虑相应的防护措施。例如，在炎热多雨的地区，建筑应该注重通风和防潮设计，避免室内湿度过高；在寒冷地区，则应该注重保温设计，采用合适的保温材料和构造做法，以减少热量的流失。

（3）人为因素

人为因素也是影响建筑构造的重要因素之一。人所从事的生产和生活活动，如火灾、机械振动、噪声等，往往也会对建筑构造造成影响。因此，在建筑设计中，必须考虑这些因素可能带来的安全风险，并采取相应的防护措施。例如，在防火设计中，应该选择防火性能良好的材料和设备，并合理设置防火分区和消防通道；在防噪设计中，应该采用隔音材料和设备，以减少噪声对室内环境的影响。

2. 建筑技术条件的影响

建筑技术条件也是影响建筑构造的重要因素之一。随着建筑技术的不断发展和进步，建筑构造也发生了变化。

（1）建筑材料技术

建筑材料技术的发展直接影响了建筑构造的选材和做法。新型建筑材料的不断涌现，如高性能混凝土、复合材料、节能材料等，为建筑构造提供了更多的选择。这些新型材料不仅具有优良的性能和环保特点，还能够降低建筑成本和提高施工效率。

（2）结构技术

结构技术的发展也对建筑构造产生了深远影响。随着结构分析方法的不断完善和计算机技术的广泛应用，建筑结构设计越来越精确和高效。同时，新型结构体系的出现也为建筑构造提供了更多的可能性，如钢结构、预应力结构、膜结构等。这些新型结构体系不仅具有独特的外观和性能优势，还能够适应不同的建筑需求和场景。

（3）施工技术

施工技术的进步也对建筑构造产生了重要影响。随着机械化、自动化和智能化技术的应用，建筑施工效率不断提高，施工质量也得到了更好的保障。同时，新型施工方法和技术的出现也为建筑构造提供了更多的选择，如预制装配式建筑、BIM 技术等。这些新型施工方法和技术不仅能够提高施工效率和质量，还能够降低建筑能耗和环境污染。

3. 建筑标准的影响

建筑标准是指导建筑设计、施工和验收的重要依据，它对建筑构造也会产生一定的影响。

（1）造价标准

造价标准是建筑设计中必须考虑的因素之一。不同的建筑标准和造价要求会对建筑构造的选材、做法和细节处理产生影响。在设计中，必须根据造价标准的要求进行合理选材和成本控制，以确保建筑的经济性和实用性。

（2）装修标准

装修标准也对建筑构造有一定的影响。不同的装修标准对建筑内部的装饰和设施要求不同，这也会直接影响到建筑构造的设计和施工。例如，在高档装修中，可能需要考虑更多的细节处理和个性化设计；而在经济型装修中，则需要注重实用性和成本控制。

（3）设备标准

设备标准也是影响建筑构造的重要因素之一。随着现代建筑技术的不断发展，各种新型设备被广泛应用于建筑中，如智能化系统、节能设备等。这些设备的引入会对建筑构造产生一定的影响，需要考虑到设备的安装位置、布线方式以及与其他构件的协调等问题。

（三）建筑构造的设计原则

民用建筑构造在设计中不仅要考虑到建筑分类、组成部分、模数协调等许多因素的影响，还要根据以下原则设计。

1. 坚固实用原则

坚固实用是建筑构造设计的首要原则。建筑物必须能够承受各种自然和人为因素的影响，如风雨、地震、人为破坏等，同时满足使用功能的需求。因此，在设计过程中，应充分考虑结构的安全性、稳定性以及耐久性。

（1）安全性

建筑构造设计应确保建筑物在各种荷载作用下的安全性。这包括正确选择结构形式、合理确定构件尺寸和连接方式等。此外，还需对结构进行严格的计算和分析，以确定在各种极端情况下，结构仍能保持稳定和完整。

（2）稳定性

稳定性是建筑物能否长期使用的关键。在设计过程中，应充分考虑建筑物的整体刚度、抗侧移能力以及变形限值等因素。同时，还需对建筑物的地基和基础进行深入研究，确保其在不同地质条件下的稳定性。

（3）耐久性

耐久性是指建筑物在使用过程中，其性能随时间推移而逐渐降低的程度。为提高建筑物的耐久性，应选用高质量的材料和构件，并采取相应的防腐、防火、防水等措施。此外，还需定期对建筑物进行检查和维护，及时发现和处理潜在的安全隐患。

2. 技术先进原则

技术先进原则强调在建筑构造设计中，应充分利用现代科学技术，不断提高建筑构造的技术水平。这包括材料、结构、施工等方面的技术创新和应用。

（1）材料创新

随着科技的不断进步，新型建筑材料层出不穷，如高强度钢材、轻质复合材料、自密实混凝土等。这些材料具有优异的性能特点，如高强度、轻质、耐久性好等，可大大提高建筑物的安全性和经济性。因此，在设计过程中，应积极探索和应用这些新型材料，以提高建筑构造的整体性能。

（2）结构优化

结构优化是技术先进原则的又一重要体现。采用先进的结构设计方法和技术手段，可以优化建筑物的受力体系，降低结构自重，提高结构的承载能力和稳定性。例如，利用有限元分析、结构优化设计等计算机辅助设计手段，可以对结构进行精确的模拟和分析，从而得到更加合理的结构形式和尺寸。

（3）施工技术创新

施工技术创新也是提高建筑构造技术水平的重要途径。通过采用先进的施工技术和设备，可以提高施工效率和质量，降低施工成本。例如，采用预制装配式建筑技术，可以实现建筑构件的工厂化生产、现场快速组装，大大缩短施工周期；采用 BIM 技术进行施工管理，可以实现施工信息的数字化、可视化，提高施工管理的精细化水平。

3. 经济合理原则

经济合理原则要求，在建筑构造设计中应充分考虑经济因素，实现建筑物经济效益和社会效益的最大化。这包括材料选择、结构设计、施工管理等方面的经济性考虑。

（1）材料选择

在材料选择方面，应遵循就地取材、节约资源的原则。尽量选用当地丰富的材料资源，降低运输成本；同时，注重材料的可循环利用性，减少对环境的影响。此外，还需根据建筑物的使用功能和寿命要求，合理选择材料的种类和规格，避免不必要的浪费。

（2）结构设计

在结构设计方面，应注重整体性和经济性。通过合理的结构布局和构件设计，降低结构自重和材料用量；同时，充分利用结构的受力特点，提高结构的承载能力和稳定性。此外，还需考虑结构的可维修性和可替换性，便于后期的维护和管理。

（3）施工管理

在施工管理方面，应注重提高施工效率和降低施工成本。通过合理制定施工方案和计划，优化施工流程和组织形式；同时，加强施工现场的管理和监督，确保施工质量和安全。此外，还需与施工方沟通和协作，共同实现建筑构造设计的经济合理目标。

4. 美观大方原则

美观大方原则强调在建筑构造设计中，应注重建筑物的美学价值和审美效果。通过合理的构造设计，使建筑物在外观上更加美观、协调，同时与周围环境相融合。

（1）外观设计

在外观设计方面，应注重建筑物的整体性和协调性。通过合理的立面设计、色彩搭配和细部处理等手段，使建筑物在外观上更加美观、大方；同时，还需考虑建筑物的风格和文化内涵，体现其独特性和历史价值。

（2）内部空间布局

在内部空间布局方面，应注重空间的合理利用和舒适性。通过合理的空间划分和流线设计，营造舒适、便捷的使用环境；同时，还需考虑利用采光、通风等自然条件，提高室内环境质量。

（3）构造细节处理

在构造细节处理方面，应注重细节的表现和品质的提升。通过精心的设计和施工，使建筑物的构造细节更加精致、美观；同时，还需考虑构造的安全性和耐久性，使其在长期使用过程中能够保持稳定性和安全性。

此外，在构造细节处理方面，还应注重与整体设计的协调性和统一性。建筑物的构造细节应与整体风格相契合，形成和谐统一的整体效果；同时，还需考虑细节处理对建筑物功能的影响，确保细节处理不仅美观，而且实用。

总之，在建筑构造的设计中，只有满足以上原则，才能设计出合理、实用、经久、美观的建筑作品来。

第四节　建筑工程施工基础

一、建筑工程产品及施工特点

（一）建筑工程产品的特点

1. 产品的固定性

固定性是建筑工程产品最显著的特点。任何建筑工程产品都是在建设单位所选定的地点上建造和使用，它与所选定地点的土地是不可分割的。因此，建筑工程产品的建造和使用在空间上是固定的。建筑工程施工的许多特点都是由此引出的。

2. 产品的多样性

建筑物的使用功能是多种多样的，因此，建筑工程产品种类繁多，用途各异。另外，即使是使用功能、建筑类型相同，在不同地区、不同条件下，建筑产品也要按照当地特定的社会环境、自然条件来设计和建造。产品的多样性造成安全问题的多样性。

3. 产品体形庞大

建筑工程产品比起一般的工业产品，所需消耗的物质资源更多。为了满足特定的使用功能，必然占据广阔的地面与空间，因而建筑工程产品的体形庞大。

4．产品的综合性

建筑工程产品由各种材料、构配件和设备组装而成，形成一个庞大的实物体系。

（二）建筑工程施工的特点

1．生产的流动性

建筑工程产品的固定性，决定了产品生产的流动性，即施工所需的大量劳动力、材料、机械设备必须围绕其固定性产品开展活动，而且在完成一个固定性产品以后，又要流动到另一个固定性产品上去。因此，在施工前必须做好科学的分析和决策、合理的安排和组织。生产的流动性大和从业人员整体素质低加大了安全管理的难度，造成安全生产的多样化。同时，产品的固定性导致作业环境的局限性，必须在有限的场地和空间上集中大量的人力、物资、机具进行交叉作业，因而容易发生物体打击等伤亡事故。

2．施工的单件性

建筑工程产品的固定性和多样性决定了产品生产的单件性。一般工业产品都是按照试制好的同一设计图纸，在一定的时期内进行批量的重复生产。每一个建筑工程产品则必须按照当地的规划和用户的需要，在选定的地点上单独设计和施工。这就形成了在有限的场地上集中大量的工人和建筑材料、设备、机具进行作业。作业环境和各种作业的重叠和交叉，造成现场的安全问题异常复杂。因此，必须做好施工准备，编制施工组织设计，以便工程施工能因时制宜、因地制宜地进行。

建筑产品呈多样性，施工工艺呈复杂多变性，例如，一栋建筑物从建筑基础、主体至竣工验收，每道施工工序均有其特性，不安全因素也各不相同。同时，随着工程建设的推进，施工现场的不安全因素也在变化，要求施工单位必须针对工程进度和施工现场实际情况及时采取安全技术措施和安全管理措施。

3．施工的地区性

建筑工程产品的固定性导致了生产的地区性。因为要在使用的固定地点建造，必然受到该建设地区的自然、技术、经济和社会条件的限制。所以，必须对该地区的建设条件进行深入的调查分析，因地制宜地做好各种施工安排。

4. 建筑生产涉及面广、综合性强

从建筑行业内部来讲，建筑生产是多工种的综合作业；从外部讲，通常需要专业化企业、材料供应、运输、公共事业、人力资源部门等方面的配合和协作。多工种、多部门的协同作业造成了安全生产的可变因素甚多。

5. 建筑生产的条件差异大、可变因素多

建筑生产的自然条件（地形、地质、水文、气候等）、技术条件（结构类型、技术要求、施工水平、材料和半成品质量等）和社会条件（物资供应、运输、专业化、协作条件等）常常有很大差别。因此，生产的预见性、可控性差。

6. 生产周期长、露天作业多、受自然气候条件影响大

一个建筑项目施工周期短则几个月，长则一年甚至三五年才能完工，而且大多是露天施工，酷暑严寒，风吹日晒，劳动条件差。因此，劳动保护工作是多层次的，并且随季节而变化。露天作业导致作业条件恶劣，致使工作环境相当艰苦，容易发生伤亡事故。

7. 立体交叉施工、高空地下作业多

高层与超高层建筑工程导致了施工作业高空性，由于地下作业和高空作业都较多，施工场地与施工条件要求的矛盾日益突出，所以多工种立体交叉作业增加，组织比较复杂，施工的危险性比较大，机械伤害、物体打击事故增多。

8. 手工操作、劳动繁重、体力消耗大

建筑业有些操作至今仍是手工劳动，比如，砌筑工、抹灰工、架子工、钢筋工、管工等都是繁重的体力劳动。例如，对一个砌筑工来说，每天砌 1000 块砖，一块按 2.5kg 计算，他一天要用两只手把近 3t 的砖一块块砌起来，要弯腰两三千次。在恶劣的作业环境下，施工工人手工操作多，体能消耗大，劳动时间和劳动强度都比其他行业要大，其职业危害严重。因此，个体劳动保护工作非常艰巨。

9. 施工的复杂性

由于建筑工程产品的固定性、多样性和综合性以及施工的流动性、地区性、露天作业多、高空作业多等特点，再加上要在不同的时期、地点、产品上，组织多专业、多工种的人员综合作业，使建筑工程施工变得更加复杂。

建筑施工的上述特点给施工带来了很多不安全的因素，所以，建筑施工企业必须重视安全生产问题。

二、建筑工程施工依据与顺序

（一）施工依据

建筑施工的目的是利用各种施工手段，建成能满足不同使用功能的建筑物。因此，施工依据就必须包括以下内容。

1. 施工图

施工图是“工程的语言”，是组织施工的主要依据。“按图施工”是施工人员必须遵守的一条准则。

2. 施工验收规范、质量检验评定标准、施工技术操作规程

施工验收规范是国家根据建筑技术政策、施工技术水平、建筑材料的发展、新施工工艺的出现等情况，统一制定的建筑施工法规。这些法规规定了建筑施工中分部分项工程施工的关键技术要求和质量标准，作为衡量建筑施工技术水平和工程质量的基本依据。

质量检验评定标准是建筑施工企业贯彻施工验收规范、评定工程质量等级的依据。

施工技术操作规程是规定要达到规范和标准要求所必须遵循的具体操作方法。规程中对建筑安装工程的施工技术、质量标准、材料要求、操作方法、设备工具的使用、施工安全技术以及冬季施工技术等做了详细的规定。

3. 施工组织设计

建筑施工企业根据施工任务和施工对象，针对建筑物的性质、规模、特点

和要求，结合工期的长短、工人的数量、参与施工的机械装备、材料供应情况、构件生产方式、运输条件等各种技术经济条件，从经济和技术统一的全局出发，从许多可能的方案中选定最合理的方案，对施工的各项活动做出全面的部署，编制出规划和指导施工全过程、企业管理的重要的技术经济文件，这就是施工组织设计。

4. 定额与施工图预算（或称设计预算）

定额主要包括预算定额、劳动定额和单价手册等。

（二）建筑工程施工顺序

建筑工程施工顺序就是根据建筑工程结构特点、生产流程、施工方法以及建筑施工的特有规律，对施工各主要环节做出的先后次序和配合衔接的安排。施工顺序应符合工程质量好、施工安全、工期短、经济效益高的要求。

建筑工程施工顺序一般如图 1–4 所示。

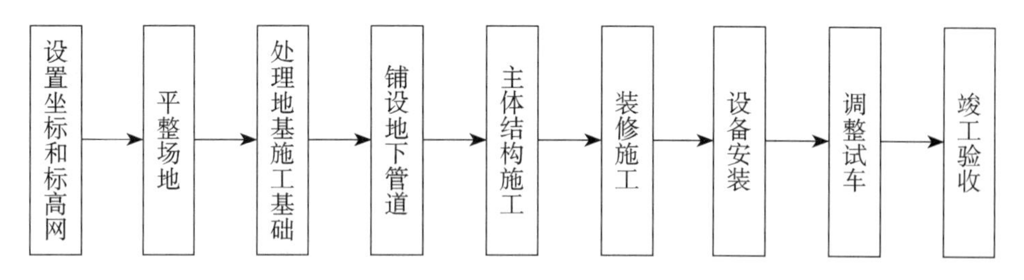

图 1–4　建筑工程施工顺序

建筑物开工与竣工的先后顺序应满足工艺流程和配套投产的要求。一般工业与民用建筑的施工顺序通常应遵守下列原则。

1. 先地下，后地上

即先进行地下管网和基础施工，然后进行地面以上工程的施工，以免土方挖了再填，填了再挖。这样才不会影响材料堆放和现场运输，也不会留下安全隐患。尤其是在雨期施工时避免雨水流入基槽、基坑，造成基础沉陷等事故。

2. 先土建，后安装

当然，为了避免事后在建筑物上开槽凿洞，在土建施工中，安装必须紧密配合，做好预留槽、洞和预埋件，以确保结构安全。

3．先主体，后装修

在土建施工中，一般是先主体结构后围护结构，最后进行装修。多层建筑室外进行上下立体交叉作业时，应保证已完工程和后建工程不受损坏，同时还应在有可靠遮挡的条件下进行。

4．先屋面防水，后室内抹灰

抹灰应先顶棚、后立墙、再地坪，最后踢脚线，并在上层地面完工后方可做下层顶棚。

5．管道、沟渠等应先下游，后上游

以便于排出沟内积水和有利于沟底找坡。

三、建筑工程施工组织设计简介

一个建设项目的施工，可以有不同的施工顺序；每一个施工过程可以采用不同的施工方案；每一种构件可以采用不同的生产方式；每一种运输工作可以采用不同的方式和工具；现场施工机械、各种堆物、临时设施和水电线路等可以有不同的布置方案；开工前的一系列施工准备工作可以用不同的方法进行。不同的施工方案，其效果是不一样的。这是施工人员在施工之前必须解决的问题。

施工组织设计是工程施工的组织方案，是指导施工准备和组织施工的全面性技术经济文件，是指导现场施工的法规。施工组织设计应当包括下列主要内容：①工程任务情况；②施工总方案、主要施工方法、工程施工进度计划、主要单位工程综合进度计划和施工力量、机具及部署；③施工组织技术措施，包括工程质量、安全防护以及环境污染防护等各种措施；④施工总平面布置图；⑤总包和分包的分工范围及交叉施工部署等。

建设工程必须按照批准的施工组织设计进行。施工组织设计根据设计阶段和编制对象的不同大致可分为三类，即施工组织总设计、单位工程施工组织设计和分部分项工程施工组织设计。

建筑工程施工有效的科学组织方法包括流水作业法与网络计划技术。可参考有关施工管理书籍。

四、建筑工程施工简介

（一）土方工程

土方工程是建筑工程施工中的主要工种工程之一，往往是整个建设过程中的第一道工序。平整场地为整个工程的后续工作提供了一个平整、坚实、干燥的施工场所，并为基础工程施工做好准备。

（二）基础工程

一般工业与民用建筑物多采用天然浅基础，因其造价低，施工简便。如果天然浅土层软弱，可采用机械压实、深层搅拌、堆载预压、砂桩挤密、化学加固等方法进行人工加固，形成人工地基浅基础。如深部土层一样软弱，建筑物上部荷载很大的工业建筑或对变形和稳定有严格要求的一些特殊建筑或高层建筑，无法采用浅基础时，经过技术经济比较后采用深基础。

深基础包括桩基础、墩基础、深井基础、沉箱基础和地下连续墙等，其中，桩基础应用最广。深基础不但可用深部较好的土层来承受上部荷载，还可以用深基础周壁的摩擦阻力来共同承受上部荷载，因而其承载力高、变形小、稳定性好，但其施工技术复杂、造价高、工期长。

（三）钢筋混凝土工程

钢筋混凝土是建筑工程结构中被广泛采用并占主导地位的一种复合材料，它性能优异、材料易得、施工方便、经久耐用，因而具有巨大生命力。近年来，钢筋工程、模板工程和混凝土工程技术不断更新，钢筋混凝土结构形式在建筑工程中应用越来越广泛。

钢筋混凝土工程分为装配式钢筋混凝土工程和现浇钢筋混凝土工程。装配式钢筋混凝土工程的施工工艺是在构件预制厂或施工现场预先制作好结构构件，再在施工现场将其安装到设计位置。现浇钢筋混凝土工程则是在建筑物的设计位置现场制作结构构件的一种施工方法，由钢筋工程、模板工程及混凝土工程三部分组成，特点是结构整体性好、抗震性能好、节约钢材、不需大型起重机械。但是模板消耗量多、现场运输量大、劳动强度高、施工易受气候条件影响。

1．钢筋工程

钢筋在钢筋混凝土结构中起着关键性的作用。混凝土浇筑后，其质量难以检查，因此，钢筋工程属于隐蔽工程，需要在施工过程中进行严格的质量控制，并建立必要的检查和验收制度。

钢筋工程一般包括以下几方面。

（1）钢筋的冷加工

为了提高钢筋的强度，节约钢材，满足预应力钢筋的需要，工地上常采用冷拉、冷拔的方法对钢筋进行冷加工，以获得冷拉钢筋和冷拔钢丝。

（2）钢筋的加工

钢筋的加工包括除锈、调直、切断、弯曲成型等工序。单根钢筋须经过一系列的加工过程，才能获得所需要的形式和尺寸。

（3）钢筋的配料

施工中根据构件配筋图计算构件的直线下料长度、总根数及钢筋总重量，然后编制钢筋配料单，作为备料加工的依据。

（4）钢筋的连接

连接钢筋的方法有三种：绑扎搭接连接、焊接连接及机械连接。

（5）钢筋的安装

核对钢筋钢号、直径、形状、尺寸及数量，无误后开始现场安装。

2．混凝土工程

（1）混凝土制备

应保证其硬化后能达到设计要求的强度等级；应满足施工对和易性和匀质性的要求；应符合合理使用材料和节约水泥的原则。有时，还应使混凝土满足耐腐蚀、防水、抗冻、快硬和缓凝等特殊要求。为此，在配制混凝土时，必须了解混凝土的主要性能；重视原材料的选择和使用；严格控制施工配料；正确确定搅拌机的工作参数。

（2）运输

在运输过程中应保持混凝土的均匀性，避免产生分层离析、泌水、砂浆流失、流动性减小等现象。为此要求选用的运输工具不吸水、不漏浆；运输道路平坦，车辆行驶平稳以防颠簸造成混凝土离析；垂直运输的自由落差不大于2m；溜槽运输的坡度不大于30°，混凝土移动速度不宜大于1m/s。常用水平运输机具主要有搅拌运输车、自卸汽车、机动翻斗车、皮带运输机、双轮手推车。常用垂直运输机具有塔式起重机、井架运输机。

（3）浇筑

浇筑混凝土总的要求是能保持结构或构件的形状、位置和尺寸的准确性，并能使混凝土达到良好的密实性，要内实外光，表面平整，钢筋与预埋件的位置符合设计要求，新旧混凝土接合良好。

（4）养护

混凝土成型后，为保证水泥水化作用能正常进行，应及时进行养护，为混凝土硬化创造必需的温度、湿度条件，使混凝土达到设计要求的强度。

温度的高低对混凝土强度增长有很大影响，在合适的湿度条件下，温度越高水泥水化作用就越迅速、完全，强度就越大；但是温度也不能过高，过高则会使水泥颗粒表面迅速水化，结成外壳，阻止内部继续水化。反之，当温度低于-3℃时，则混凝土中的水会结冰，混凝土的强度增长非常缓慢。

湿度的大小对混凝土强度增长也有很大影响。合适的湿度使混凝土在凝结硬化期间已形成凝胶体的水泥颗粒能充分水化并逐步转化为稳定的结晶，促进混凝土强度的增长。如果在较高的温度条件下，混凝土凝胶体中的水泥颗粒不能充分水化，就会在混凝土表面出现片状或粉状剥落（剥皮、起砂现象）的脱水现象。如果新浇混凝土未能达到一定强度，湿度过低，混凝土中的水分过早蒸发，就会产生很大的收缩变形，出现干缩裂纹，从而影响混凝土的整体性和耐久性。

对混凝土进行养护可以采用自然养护和蒸汽养护的方法。

（5）质量检查

对水泥品种及强度等级，砂石的质量及含泥量，混凝土的配合比、配料称量、搅拌时间、坍落度、运输、振捣、养护过程等环节进行检查。并做混凝土试块，在进行标准状况下养护后，送检验机构进行强度试验。

（四）砌筑工程

砌筑工程是指普通黏土砖、硅酸盐类砖、石块和各种砌块的施工。

砖石建筑在我国有悠久的历史，目前在建筑工程中仍占有一定的份额。这种结构虽然取材方便、施工简单、成本低廉，但它的施工仍以手工操作为主，劳动强度大、生产效率低，而且烧制黏土砖占用大量农田，国家已明文规定不准生产和使用烧制黏土砖。利用工业废料制作的砌块，如粉煤灰硅酸盐砌块、普通混凝土空心砌块、煤矸石硅酸盐空心砌块等越来越普及。新工艺材料有加气混凝土砌块、蒸压灰砂砖，后者从尺寸、强度各方面可以完全代替烧制黏土砖。研发新型墙体材料以及改善砌体施工工艺是砌筑工程改革的重点。

砌筑工程是一个综合的施工过程，它包括砂浆制备、材料运输、脚手架搭设和墙体砌筑等。

（五）装饰工程

装饰工程包括抹灰、饰面、刷浆、油漆、裱糊、花饰、铝合金和玻璃幕墙等工程，是建筑施工的最后一个环节。具体内容包括内外墙面和顶棚的抹灰、内外墙饰面和镶面、楼地面的饰面、内墙裱糊、花饰安装、门窗等木制品和金属品安装、油漆以及墙面粉刷等。其作用是保护墙面免受风雨、潮气等侵蚀，改善隔热、隔声、防潮功能，提高卫生条件以及提升建筑物美观度和美化环境。

（六）结构吊装工程

在现场或工厂预制的结构构件或构件组合，用起重机械在施工现场把它们吊起来并安装在设计位置上，这样形成的结构叫装配式结构。结构吊装工程就是有效地完成装配式结构构件的吊装任务。

第二章

施工前的准备工作

第一节　施工准备工作概述

一、原始资料的收集

对原始资料的收集分析，为编制出合理的、符合客观实际的施工组织设计文件，提供全面、系统、科学的依据；为图样会审、编制施工图预算和施工预算提供依据；为加强施工企业管理，制定经营管理决策提供可靠的依据。

（一）自然条件的资料调查

在建筑施工中，对施工地区自然条件的深入了解和准确评估至关重要。这些自然条件包括地质、水文、气象等多个方面，它们直接影响着施工的安全和效率。因此，在进行施工准备工作时，必须对自然条件的资料进行全面、细致的调查和分析。本章将详细介绍施工准备工作中自然条件的资料调查内容和方法。

1．地区水准点和绝对标高的调查

水准点和绝对标高是确定建筑物位置和高度的基础数据。在施工准备阶段，需要对施工地区的水准点和绝对标高进行详细的调查。

首先，要收集当地测绘部门提供的水准点和绝对标高数据，了解其精度和可靠性。其次，通过实地测量，验证这些数据的准确性，并根据需要设立临时水准点，为施工过程中的高程控制提供依据。

2. 地质构造和土的性质类别的调查

地质构造和土的性质类别对建筑物的稳定性和安全性具有重要影响。因此，在施工准备阶段，需要对施工地区的地质构造和土的性质类别进行详细的调查。这包括收集地质勘查报告，了解地质构造、岩层分布、断层和褶皱等地质现象；通过钻探、取样等方法，获取土的类别、物理力学性质等数据；分析土的承载力、压缩性、渗透性等指标，为施工过程中的地基处理、基础设计等提供依据。

3. 地基土承载力和地震级别的调查

地基土的承载力是建筑物安全稳定的关键因素之一。同时，地震也是建筑施工中不可忽视的自然灾害。因此，在施工准备阶段，需要对地基土的承载力和地震级别进行详细的调查。

对于地基土承载力，可以通过现场试验、室内试验等方法进行测定，并结合地质勘查报告中的数据进行综合评估。对于地震级别，应收集当地地震局发布的地震烈度区划图、地震动参数区划图等资料，了解施工地区的地震危险性，为施工过程中的抗震设计和施工措施提供依据。

4. 河流流量和水质的调查

河流流量和水质对建筑施工中的排水、供水和环境保护等方面具有重要影响。因此，在施工准备阶段，需要对施工地区附近的河流流量和水质进行详细的调查。

首先，要了解河流的流域范围、流量大小、水位变化等情况。这可以通过查阅相关文献资料、咨询当地水利部门或进行实地观测等方式获取。其次，要对河流水质进行检测，了解其主要污染物的种类和浓度，以便在施工中采取相应的保护措施，防止对河流水质造成污染。

5．地下水位和含水层情况的调查

地下水位和含水层情况是建筑施工中需要考虑的重要因素之一。地下水位的高低变化、含水层的厚度和流向流量等都会对建筑物的稳定性和安全性产生影响。

因此，在施工准备阶段，需要对施工地区的地下水位和含水层情况进行详细的调查。这包括了解地下水的补给来源、排泄途径、动态变化等情况；通过钻探、物探等方法，查明含水层的分布范围、厚度和性质；分析地下水对建筑物的影响程度，为施工过程中的防水、排水等措施提供依据。

6．气象条件的调查

气象条件对施工安全和施工效率具有重要影响。因此，在施工准备阶段，需要对施工地区的气象条件进行详细的调查。这包括收集当地气象部门发布的气象资料，了解施工期间的气温、降雨、风雪、雷电等气象要素的变化情况；分析这些气象要素对施工的影响程度，制定相应的施工措施和应急预案；同时，还应注意关注施工期间的天气预报和预警信息，及时调整施工计划和措施，确保施工安全和工程的顺利进行。

7．土的冻结深度和冬、雨期的期限情况的调查

土的冻结深度和冬、雨期的期限情况是建筑施工中需要考虑的特殊气候条件。这些气候条件会对施工进度和质量产生影响，因此需要提前进行详细的调查。

对于土的冻结深度，可以通过查阅历史气象资料、进行现场观测等方法确定。对于冻结深度的了解有助于确定冬季施工的保温措施和挖方工程的开挖深度。同时，还需要了解冬、雨期的期限情况，以便合理安排施工进度和采取相应的防雨、防寒措施。

综上所述，施工准备工作中自然条件的资料调查是确保施工安全和质量的重要环节。通过对地质、水文、气象等自然条件的深入了解和准确评估，可以为施工过程中的设计、施工和管理提供科学依据。因此，建议建筑施工从业人员在施工准备阶段加强自然条件的资料调查工作，确保调查数据的准确性和可靠性。同时，还应根据调查结果制定相应的施工措施和应急预案，以应对可能出现的自

然灾害和不利气候条件对施工的影响。

（二）供水供电的资料调查

施工区域给水、给电是施工不可缺少的条件。在进行施工准备工作时，对供水供电的资料进行详细的调查，是确保施工顺利进行的重要保障。下文将详细介绍施工准备工作中供水供电资料调查的内容、方法、注意事项，以及其在施工中的应用价值。

1. 供水资料调查

（1）供水来源调查

首先，需要对施工区域附近的供水来源进行全面调查。这包括市政自来水、河流水、地下水等多种供水方式。针对每种供水来源，应详细了解其供水能力、水质、水压以及供应稳定性等关键信息。其次，还需要了解供水单位的联系方式和服务质量，以便在需要时能够及时沟通，解决可能出现的问题。

对于市政自来水，可以向当地自来水公司或相关政府部门查询相关资料，了解供水管道的布局、管径、材质等信息。此外，还可以通过实地考察，观察市政自来水供应的稳定性以及水质的优劣。

对于河流水，需要对河流的水量、水质、水位变化等进行详细调查。同时，还需要考虑河流的季节性变化对供水量的影响。在条件允许的情况下，可以进行水质检测，确保河流水的安全性。

对于地下水，需要了解地下水的储量、分布以及开采方式等信息。同时，还需要考虑地下水开采对生态环境的影响，确保开采活动的可持续性。

（2）供水管道调查

除了供水来源，施工区域内的供水管道布局、管径、材质等也是调查的重点。施工团队需要了解现有管道是否满足施工需求，如不满足，则需考虑增设临时供水管道或采用其他供水方案。

在调查供水管道时，需要注意管道的材质、管径以及使用年限等信息。对于老化严重或存在安全隐患的管道，应及时进行更换或维修。同时，还需要了解管道的埋深、走向以及连接方式等细节，确保在施工过程中能够避免对管道造成损坏。

此外，施工团队还需要关注管道的安全性、可靠性以及维护情况。定期对供水管道进行检查和维修，确保供水安全。在紧急情况下，需要了解供水管道的应急处理措施，以便在出现问题时能够迅速解决。

（3）排水设施调查

排水设施的完善程度直接影响到施工区域的排水能力。因此，在施工准备工作中，需要对排水设施进行详细调查。

首先，需要了解排水管道的布局、管径、坡度等信息。这有助于了解排水系统的整体情况，判断其是否满足施工需求。对于不满足需求的排水设施，需要提出改造方案或增设临时排水设施，以确保施工期间排水畅通。

其次，需要关注排水口的位置和排水能力。排水口的位置应便于施工期间的排水，同时避免对周边环境造成污染。排水能力则需要根据施工区域的实际情况进行评估，确保排水系统能够应对可能出现的降雨等不利因素。

最后，还需要对排水设施的维护情况进行调查。定期对排水设施进行检查和清理，确保其正常运行。在发现排水设施存在问题时，需要及时采取措施进行修复，避免影响施工进度和周边环境。

通过对供水来源、供水管道以及排水设施的调查和评估，可以为施工期间的水资源供应和排水工作提供有力的保障。这将有助于确保施工过程的顺利进行，同时降低对周边环境的影响。

2. 供电资料调查

（1）供电来源调查

供电来源的调查需要了解施工区域附近的电力供应情况，包括附近的变电站、线路以及电源类型等。同时，还要对供电能力、电压等级、供电稳定性等关键信息进行深入的了解。这些信息的获取有助于施工团队更好地预测施工期间的电力需求，并制定相应的应对措施。例如，如果施工区域附近的电力供应能力有限，可以提前与电力公司沟通，增加临时供电线路或提升供电电压等级，以确保施工期间的电力需求得到满足。

（2）施工用电设施调查

施工用电设施包括临时用电线路、配电箱、照明设备等。这些设施的性能和数量直接影响到施工期间的用电安全和效率。因此，在施工准备工作中，需要对这些设施进行详细调查。施工团队需要了解这些设施的数量、规格、性能以及安全状况，以便及时发现并处理潜在的安全隐患。对于不满足施工需求的设施，应当提出更换或增设方案，以满足施工用电需求。同时，还需要加强对施工用电设施的维护和管理，确保其处于良好的工作状态。

（3）备用电源调查

备用电源是保证施工期间电力供应稳定性的重要措施。在紧急情况下，如停电或电力故障，备用电源可以迅速启动并稳定供电，避免因电力供应中断而对施工造成影响。因此，施工团队需要对备用电源的类型、容量、启动方式等关键信息进行深入的了解。同时，还需要关注备用电源的可靠性、安全性以及维护情况。要确保备用电源在紧急情况下能够及时启动并稳定供电，以应对可能出现的电力供应问题。

3. 资料调查方法及注意事项

（1）调查方法

供水供电资料的调查可采用现场勘查、询问了解、查阅资料等多种方式。现场勘查能够直观了解施工区域的供水供电设施情况，但需注意安全问题；询问了解即通过与供水供电单位或现场管理人员沟通，获取关键信息；也可通过查阅相关图纸、报告、文件等，获取更为详细的资料信息。

（2）注意事项

在进行供水供电资料调查时，需注意以下几点：一是确保调查内容的准确性和完整性，避免因信息缺失或错误导致施工受阻；二是关注供水供电设施的安全性和可靠性，确保施工期间的安全稳定；三是及时与供水供电单位沟通协调，解决可能出现的问题；四是对于重要信息或数据，应进行记录和整理，以便后续查阅和使用。

（三）交通运输的资料调查

建筑施工是一项复杂而烦琐的工程，涉及众多环节和要素。其中，交通运输作为连接各个环节的桥梁，对于施工过程的顺利进行至关重要。因此，在施工准备工作阶段，对交通运输的资料进行详细的调查与分析显得尤为重要。

1．交通运输方式的选择

在建筑施工过程中，常用的交通运输方式有铁路、公路和水路三种。不同的交通运输方式具有不同的特点和适用范围，因此，在选择交通运输方式时，需要充分考虑施工项目的具体需求和条件。例如，对于大型建筑项目，可能需要将多种交通运输方式相结合来确保施工材料的及时供应和设备的顺利运输。

2．主要材料及构件运输通道情况

在施工准备阶段，需要对施工区域的主要材料及构件运输通道进行详细的调查。这包括了解施工区域周边的道路状况、桥梁承载能力、隧道通行条件等。同时，还需要对施工现场内部的道路布局和通行能力进行评估，以确保运输通道能够满足施工过程中的运输需求。此外，对于需要穿越特殊地形或气候条件的施工区域，还要考虑采取相应的安全措施和应急预案，以确保运输过程的安全和顺畅。

3．大型构件及设备的运输调查

在建筑施工中，常常会遇到一些超长、超高、超重或超宽的大型构件和设备。这些大型构件和设备的运输需要特殊的设备和工艺，因此，在施工准备阶段，需要对这些大型构件和设备的运输进行详细的调查。这包括了解运输路线上的架空电线、天桥等的高度限制，以及沿途的桥梁、隧道等结构的承载能力。同时，还需要与相关部门协商，确定合适的运输时间和路线，避免对正常交通造成干扰。在运输过程中，还需要采取相应的保护措施和应急预案，以确保大型构件和设备的安全运输。

4．运输组织协调与管理

交通运输作为建筑施工的重要环节，其组织协调与管理至关重要。在施工准备阶段，需要建立健全运输组织协调机制，明确各部门的职责和分工。同时，还需要制定合理的运输计划，包括运输时间、运输路线、运输车辆的选择等。在运输过程中，还需要加强对运输过程的监控和管理，及时发现和处理运输过程中出现的问题。此外，还需要建立完善的应急预案和救援机制，以应对可能出现的突发情况。

5. 与有关部门协商与沟通

在施工准备阶段，需要与当地铁路、公路和水路管理部门进行充分的协商与沟通。通过与这些部门的合作，可以获取更为详细和准确的交通运输资料，为施工过程中的运输工作提供有力的支持。同时，还可以与这些部门共同制定更为合理和有效的运输方案，以应对可能出现的各种挑战和困难。

6. 资料来源与可靠性评估

在进行交通运输资料调查时，需要确保所获取的资料来源可靠、准确。这可以通过查阅官方文件、咨询专业人士、实地考察等方式进行验证和确认。同时，还需要对所获取的资料进行综合分析和评估，以确保其能够真实反映施工区域的交通运输状况和需求。

（四）建筑材料的资料调查

在建筑工程施工准备阶段，通过对建筑材料的详细调查和资料收集，可以更好地了解各种材料的供应情况、质量、价格以及运输条件等信息，为施工过程的顺利进行提供有力保障。

1. 建筑材料的种类及用途

建筑工程涉及的材料种类繁多，主要包括钢材、木材、水泥、地方材料、装饰材料、构件制作、商品混凝土以及建筑机械等。每种材料都有其特定的用途和性能要求，对建筑工程的质量和进度具有重要影响。因此，在施工准备阶段，需要对各种材料的性能、规格、使用条件等进行全面了解，以确保施工过程中的材料选择和使用符合设计要求。

2. 施工区域建筑材料资料的收集

在施工准备工作中，需要收集与施工区域内的建筑材料有关的资料。这包括以下几个方面。

（1）地方材料的供应情况：了解当地可供应的材料种类、数量以及生产能力，评估其是否能满足工程需求。同时，关注地方材料的产地、运输条件以及价格波动等因素，为材料采购和成本控制提供依据。

（2）材料质量：通过对当地材料质量的调查，掌握各种材料的性能指标、合格标准以及实际使用情况。这有助于在施工过程中选择符合要求的材料，确保工程质量。

（3）价格与运费：收集各种材料的市场价格信息，包括原材料价格、加工费用以及运输费用等。这将有助于制定合理的材料采购计划，降低工程成本。

（4）商品混凝土、建筑机械供应与维修：了解当地商品混凝土和建筑机械的供应情况，包括供应商、生产能力、供应条件等。同时，关注建筑机械的维修和保养情况，确保施工过程中机械设备可正常运行。

（5）大型租赁服务项目：调查当地脚手架、定型模板等大型租赁服务项目的种类、数量、价格以及供应条件等。这将有助于在施工过程中选择合适的租赁服务项目，提高施工效率。

3．资料来源与渠道

可以通过以下几个途径获取施工区域建筑材料相关信息。

（1）当地主管部门：与当地建设、质监、交通等主管部门联系，了解当地的建筑材料供应情况和相关政策法规。这些主管部门通常会发布相关材料信息，为施工单位提供便利。

（2）建设单位：与建设单位沟通，了解他们对材料的具体要求和期望。建设单位通常会提供一些材料供应信息或推荐一些优质的供应商，为材料采购提供参考。

（3）建材生产厂家和供货商：与建材生产厂家和供货商直接联系，获取他们的产品介绍、价格表以及供应条件等信息。这有助于了解各种材料的性能和价格，为材料选择提供依据。

（4）行业协会和展会：参加当地的建筑行业协会和展会，了解行业内的最新动态和技术发展趋势。通过与同行交流，可以获取更多的材料信息和经验分享。

（五）劳动力的资料调查

建筑施工是劳动密集型的生产活动，社会劳动力是建筑施工劳动力的主要来源。劳动力资料来源于当地的劳动、商业、卫生等部门。劳动力的资料主要是为劳动力安排计划、布置临时设施和确定施工力量提供依据。

二、施工准备工作的意义

施工准备工作是保证工程顺利开工和施工活动正常进行而必须事先做好的各项准备工作。它是施工程序中的重要环节，不仅存在于开工之前，而且贯穿于整个施工过程。为了保证工程项目顺利进行，必须做好施工准备工作。做好施工准备工作具有以下意义。

（一）确保建筑施工程序

现代建筑工程施工大多是十分复杂的生产活动，其技术规律和社会主义市场经济规律要求工程施工必须严格按照建筑施工程序进行。只有认真做好施工准备工作，才能取得良好的建设效果。

（二）降低施工的风险

做好施工准备工作，是取得施工主动权、降低施工风险的有力保障。就工程项目施工的特点而言，其生产受外界干扰及自然因素的影响较大，因而施工中可能遇到的风险就多。只有经过周密的分析并根据多年积累的施工经验，采取有效的防范控制措施，充分做好施工准备工作，加强应变能力，才能有效地降低风险损失。

（三）保证工程开工的顺利

工程项目施工中不仅涉及广泛的社会关系，还要处理各种复杂的技术问题，协调各种配合关系，因而只有统筹安排和周密准备，才能使工程顺利开工，也才能提供各种条件，保证开工后的顺利施工。

（四）提高企业的综合效益

做好施工准备工作，是降低工程成本、提高企业综合效益的重要保证。认真做好工程项目施工准备工作，能充分调动各方面的积极因素，合理组织资源，加快施工进度，提高工程质量，降低工程成本，增加企业经济效益，赢得企业社会信誉，实现企业管理现代化，从而提高企业的经济效益和社会效益。

（五）推行技术经济责任制

施工准备工作是建筑施工企业生产经营管理的重要组成部分。现代企业管理的重点是生产经营，而生产经营的核心是决策。因此，施工准备工作作为生产经营管理的重要组成部分，主要对拟建工程目标、资源供应和施工方案及其空间布置和时间排列等方面进行选择和施工决策，有利于施工企业搞好目标管理，推行技术经济责任制。实践证明，施工准备工作的好与坏，将直接影响建筑产品生产的全过程。凡是重视并做好施工准备工作，积极为工程项目创造有利施工条件的，就能顺利开工，取得施工的主动权；同时，还可以避免工作的无序性和资源的浪费，有利于保证工程质量和施工安全，提高效益。反之，如果违背施工程序，忽视施工准备工作，使工程仓促开工，必然在工程施工中受到各种矛盾掣肘，处处被动，造成重大的经济损失。

三、施工准备工作的分类

（一）按工程所处施工阶段分类

按工程所处施工阶段分类，施工准备工作可分为开工前的施工准备和开工后的施工准备。

1. 开工前的施工准备

开工前的施工准备指在拟建工程正式开工前所进行的一切施工准备，是为工程正式开工创造必要的施工条件，具有全局性和总体性。若没有这个阶段工程则不能顺利开工，更不能连续施工。

2. 开工后的施工准备

开工后的施工准备指开工之后为某一单位工程、某个施工阶段或某个分部（分项）工程所做的工作，具有局部性和经常性。一般来说，冬、雨期施工准备都属于这种施工准备。

（二）按准备工作范围分类

按准备工作范围分类，施工准备工作可分为全场性施工准备、单位工程施工条件准备、分部（分项）工程作业条件准备。

1. 全场性施工准备

全场性施工准备指以整个建设项目或建筑群为对象所进行的统一部署。它不仅要为全场性的施工活动创造有利条件，而且要为单位工程施工条件做准备。

2. 单位工程施工条件准备

单位工程施工条件准备是以一个建筑物或构筑物为施工对象而进行的，不仅要为该单位工程做好开工前的一切准备，而且要为分部（分项）工程的作业条件做好施工准备工作。单位工程的施工准备工作完成，具备开工条件后，项目经理部应申请开工，递交开工报告，报审批后方可开工。实行建设监理的工程，企业还应将开工报告送监理工程师审批，由监理工程师签发开工通知书，在限定时间内开工，不得拖延。单位工程应具备的开工条件有以下几方面。

（1）施工图纸已经会审并有记录。

（2）施工组织设计已经审核批准并进行交底。

（3）施工图预算和施工预算已经编制并审定。

（4）施工合同已签订，施工证件已经审批齐全。

（5）现场障碍物已清除。

（6）场地已平整，施工道路已畅通，水源、电源已接通，排水沟渠畅通，能够满足施工的需要。

（7）材料、构件、半成品和生产设备等已经落实并能陆续进场，保证连续施工的需要。

（8）各种临时设施已经搭设，能够满足施工和生活的需要。

（9）施工机械、设备的安排已落实，先期使用的已运入现场，已试运转并能正常使用。

（10）劳动力安排已经落实，可以按时进场。现场安全守则、安全宣传牌已建立，安全、防火的必要设施已具备。

3. 分部（分项）工程作业条件准备

分部（分项）工程作业条件准备是以一个分部（分项）工程为施工对象而进行的。某些施工难度大、技术复杂的分部（分项）工程，需要单独编制施工作业设计，应对其所采用的施工工艺、材料、机具、设备及安全防护设施等分别进行准备。

四、施工准备工作的要求

（一）施工准备应该有组织、有计划、有步骤地进行

首先，建立施工准备工作的组织机构，明确相应的管理人员；其次，编制施工准备工作计划表，保证施工准备工作按计划落实。将施工准备工作按工程的具体情况划分为开工前、地基基础工程、主体工程、屋面与装饰装修工程等时间区段，分期分阶段、有步骤地进行，可为顺利进行下一阶段的施工创造条件。

（二）建立严格的施工准备工作责任制及相应的检查制度

施工准备工作项目多、范围广，时间跨度大，因此必须建立严格的责任制，按计划将责任落实到相关部门及个人，明确各级技术负责人在施工准备中应负的责任，使各级技术负责人认真做好施工准备工作。在施工准备工作实施过程中，应定期进行检查，可按周、半月、月度进行检查，主要检查施工准备工作计划的执行情况。

（三）坚持按基本建设程序办事，严格执行开工报告制度

根据《建设工程监理规范》（GB/T 50319—2013）的有关规定，工程项目开工前，当施工准备工作情况达到开工条件要求时，应向监理工程师报送工程开工报审表及开工报告等有关资料，由总监理工程师签发，并报建设单位后，在规定的时间内开工。

（四）施工准备工作必须贯穿于施工全过程

施工准备工作不仅要在开工前集中进行，工程开工后，也要及时全面地做好各施工阶段的准备工作，并贯穿于整个施工过程。

（五）施工准备工作要取得各协作单位的友好支持与配合

由于施工准备工作涉及面广，除施工单位自身努力外，还要取得建设单位、监理单位、设计单位、供应单位、银行、行政主管部门、交通运输部门等相关单位的大力支持，以缩短施工准备工作的时间，争取早日开工。做到步调一致，分工负责，共同做好施工准备工作。

五、施工准备工作的内容

施工准备工作的内容，视工程本身及其具备的条件而异，有的比较简单，有的十分复杂。例如，只有一个单项工程的施工项目和包含多个单项工程的群体项目，一般小型项目和规模庞大的大中型项目，新建项目和改扩建项目，在未开发地区兴建的项目和在已开发地区兴建的项目等，都因工程的特殊需要和特殊条件而对施工准备工作提出了具体要求。施工准备工作要贯穿施工过程的始终，根据施工顺序的先后，有计划、有步骤、分阶段进行。按准备工作的性质，施工准备工作大致分为六个方面：建设项目的调查研究、资料收集，劳动组织的准备，施工技术资料的准备，施工物资的准备，施工现场的准备，季节性施工的准备。

六、施工准备工作的重要性

整个工程项目建设分为计划、设计和施工三大阶段，而施工阶段又分为施工准备、土建施工、设备安装、竣工验收等阶段。施工准备工作的基本任务是为拟建工程的施工准备必要的技术和物质条件，统筹安排施工力量和合理布置施工现场。施工准备工作是施工企业搞好目标管理，推行技术经济承包的重要前提。同时，施工准备工作还是土建施工和设备安装顺利进行的根本保证。因此，认真做好施工准备工作，对于发挥企业优势、合理供应资源、加快施工速度、提高工程质量、降低工程成本、增加企业经济效益等具有重要意义。

第二节　原始资料的收集与整理

一、建设场址勘查

建设场址勘查主要是了解建设地点的地形、地貌、地质、水文、气象以及场址周围的环境和障碍物情况等。勘查结果一般可作为确定施工方法和技术措施的依据。

（一）地形、地貌勘查

地形、地貌勘查要求提供工程的建设规划图、区域地形图（1/25000～1/10000）、工程位置地形图（1/2000 ～ 1/1000），该地区城市规划图、水准点及控制桩的位置、现场地形地貌特征、勘查高程及高差等。对地形简单的施工现场，一般采用目测和步测；对场地地形复杂的，可用测量仪器进行观测，也可到规划部门、建设单位、勘察单位调查。这些资料可作为选择施工用地、布置施工总平面图、场地平整及土方量计算、了解障碍物及其数量的依据。

（二）工程地质勘查

工程地质勘查的目的是查明建设地区的工程地质条件和特征，包括地层构造、土层的类别及厚度、承载力及地震级别等。应提供的资料有：钻孔布置图；工程地质剖面图；土层类别、厚度；土壤物理力学指标，包括天然含水量、孔隙比、塑性指数、渗透系数、压缩试验及地基土强度等；地层的稳定性、断层滑块、流沙；最大冻结深度；地基土破坏情况等。工程地质勘查资料可为选择土方工程施工方法、地基土的处理方法以及基础施工方法提供依据。

（三）水文地质勘查

水文地质勘查所提供的资料主要有以下两个方面。

（1）地下水文资料：地下水最高、最低水位及时间，水的流速、流向、流量；地下水的水质分析及化学成分分析；地下水对地基有无冲刷、侵蚀影响等。所提供资料有助于选择基础施工方案、选择降水方法以及拟定防止侵蚀性介质的措施。

（2）地面水文资料：临近江河湖泊距工地的距离；洪水、平水、枯水期的水位、流量及航道深度；水质分析；最大最小冻结深度及冻结时间等。调查为确定临时给水方案、施工运输方式提供了依据。

（四）气象资料调查

气象资料一般可通过当地气象部门调查取得，调查资料作为确定冬、雨期施工措施的依据。气象资料包括以下几个方面。

（1）降雨、降水资料：全年降雨量、降雪量；日最大降雨量；雨期起止日期；年雷暴日数等。

（2）气温资料：年平均最高、最低气温；最冷、最热月及逐月的平均温度。

（3）风向资料：主导风向、风速、风的频率；大于或等于 8 级风全年天数，并应将风向资料绘成风向图。

（五）周围环境及障碍物调查

周围环境及障碍物包括施工区域现有建筑物、构筑物、沟渠、水井、树木、土堆、电力架空线路、地下沟道、人防工程、上下水管道、埋地电缆、煤气及天然气管道、地下杂填积坑、枯井等。这些资料要通过实地踏勘，并通过建设单位、设计单位等调查取得，可作为布置现场施工平面的依据。

二、技术经济资料调查

技术经济调查的目的是查明建设地区地方工业、资源、交通运输、动力资源、生活福利设施等地区经济因素，获取建设地区技术经济条件资料，以便在施工组织中尽可能利用地方资源为工程建设服务，同时，也可作为选择施工方法和确定费用的依据。

（一）建设地区的能源调查

能源一般指水源、电源、气源等。能源资料可通过当地城建、电力、燃气供应部门及建设单位获取，主要用作选择施工用临时供水、供电和供气的方式，提供经济分析比较的依据。能源调查内容主要有：施工现场用水与当地水源连接的可能性、供水距离、接管距离、地点、水压、水质及水费等资料；利用当地排水设施排水的可能性、排水距离、去向等；可供施工使用的电源位置、引入工地的路径和条件，可以满足的容量、电压及电费；建设单位、施工单位自有的发变电设备、供电能力；冬期施工时附近蒸汽的供应量、接管条件和价格；建设单位自有的供热能力；当地或建设单位提供煤气、压缩空气、氧气的能力和它们至工地的距离等。

（二）建设地区的交通调查

交通运输方式一般有铁路、公路、水路、航空等。交通资料可通过当地铁路、交通运输和民航等管理局的业务部门获取。收集交通运输资料是指调查主要材料及构件运输通道的情况，包括道路、街巷、途经的桥涵宽度、高度，允许载重量和转弯半径限制等资料。有超长、超高、超宽或超重的大型构件、大型起重机械和生产工艺设备需整体运输时，还要调查沿途架空电线、天桥的高度，并与有关部门商议避免大件运输对正常交通产生干扰的路线、时间及解决措施。所收集资料主要用作组织施工运输业务、选择运输方式、提供经济分析比较的依据。

（三）主要材料及地方资源调查

主要材料及地方资源调查的内容包括：三大材料（钢材、木材和水泥）的供应能力、质量、价格、运费情况；地方资源如石灰石、石膏石、碎石、卵石、河砂、矿渣、粉煤灰等能否满足建筑施工的要求；开采、运输和利用的可能性及经济合理性。这些资料可通过当地计划、经济等部门获取，作为确定材料的供应计划、加工方式、储存和堆放场地及建造临时设施的依据。

（四）建筑基地情况调查

主要调查建设地区附近有无建筑机械化基地、机械租赁站及修配站；有无金属结构及配件加工站；有无商品混凝土搅拌站和预制构件等。这些资料可用来确定构配件、半成品及成品等货源的加工供应方式、运输计划和规划临时设施。

（五）社会劳动力和生活设施情况调查

社会劳动力和生活设施情况调查的内容包括：当地能提供的劳动力人数、技术水平、来源和生活安排；建设地区已有的可供施工期间使用的房屋情况；当地主副食、日用品供应、文化教育、消防治安、医疗单位的基本情况以及能为施工提供的支援能力。这些资料是制定劳动力安排计划、建立职工生活基地、确定临时设施的依据。

（六）参与施工的各单位能力调查

参与施工的各单位能力调查内容包括施工企业的资质等级、技术装备、管理水平、施工经验、社会信誉等情况。这些可作为了解总、分包单位的技术及管理水平与选择分包单位的依据。在编制施工组织设计时，为弥补原始资料的不足，有时还需要一些参考资料来作为编制依据，如冬、雨期参考资料，机械台班产量参考指标，施工工期参考指标等。

这些参考资料可利用现有的施工定额、施工手册、施工组织设计实例或通过平时的施工实践活动来获得。

第三节　技术资料准备

一、熟悉与审查设计图纸

熟悉与审查图纸可以保证能够按设计图纸的要求进行施工；使从事施工和管理的工程技术人员充分了解和掌握设计图纸的设计意图、构造特点和技术要求；通过审查发现图纸中存在的问题和错误，为拟建工程的施工提供一份准确、

齐全的设计图纸。

（1）熟悉图纸工作的组织。施工单位项目经理部收到拟建工程的设计图纸和有关技术文件后，应尽快组织有关的工程技术人员熟悉和自审图纸，写出自审图纸的记录。自审图纸的记录应包括对设计图纸的疑问和对设计图纸的有关建议，以便于在图纸会审时提出。

（2）熟悉图纸的要求。

①基础部分：核对建筑、结构、设备施工图中关于留口、留洞的位置及标高；地下室排水方向；变形缝及人防出口做法；防水体系的包圈与收头要求；特殊基础形式做法等。

②主体部分：弄清建筑物、墙、柱与轴线的关系；主体结构各层所用的砂浆、混凝土强度等级；梁、柱的配筋及节点做法；悬挑结构的锚固要求；楼梯间的构造；卫生间的构造；对标准图有无特别说明和规定等。

③屋面及装修部分：屋面防水节点做法；结构施工时应为装修施工提供的预埋件和预留洞；内外墙和地面等材料及做法；防火、保温、隔热、防尘、高级装修等的类型和技术要求。

④设备安装工程部分：弄清设备安装工程各管线型号、规格及布置走向，各安装专业管线之间是否存在交叉和矛盾，建筑设备的型号、规格、尺寸是否正确，设备的位置及预埋件做法与土建是否存在矛盾。

（3）审查拟建工程的地点、建筑总平面图同国家、城市或地区规划是否一致，以及建筑物或构筑物的设计功能和使用要求是否符合环境卫生、防火及美化城市等方面的要求。

（4）审查设计图纸与说明书在内容上是否一致，以及设计图纸与其各组成部分之间有无矛盾和错误。

（5）审查设计图纸是否完整、齐全，以及是否符合国家有关工程建设的设计、施工的方针和政策。

（6）审查建筑总平面图与其他结构图在几何尺寸、坐标、标高、说明等方面是否一致，技术要求是否正确。

（7）审查地基处理与基础设计同拟建工程地点的工程水文、地质等条件是否一致，以及建筑物或构筑物与地下建筑物或构筑物、管线之间的关系。

（8）审查工业项目的生产工艺流程和技术要求，掌握配套投产的先后顺序和相互关系，以及设备安装图纸与其相配套的土建施工图纸上的坐标、标高是否一致；掌握土建施工质量是否满足设备安装的要求。

（9）明确拟建工程的结构形式和特点，复核主要承重结构的强度、刚度和稳定性是否满足设计要求，审查设计图纸中复杂的、施工难度大和技术要求高的分部分项工程或新结构、新材料、新工艺。

（10）明确主要材料、设备的数量、规格、来源和供货日期，以及建设期限、分期分批投产或交付使用的顺序和时间。

（11）明确建设、设计和施工等单位之间的协作、配合关系，以及建设单位可以提供的施工条件。

二、编制施工图预算和施工预算

在设计交底和图纸会审的基础上，若施工组织设计已被批准，预算部门即可着手编制单位工程施工图预算和施工预算，以确定人工、材料和机械费用的支出，并确定人工数量、材料消耗数量及机械台班使用量等。施工图预算是由施工单位主持，在拟建工程开工前的施工准备工作期间所编制的确定建筑安装工程造价的经济文件，是施工企业签订工程承包合同，工程结算，银行拨、贷款，以及进行企业经济核算的依据。施工预算是根据施工图预算、施工图样、施工组织设计和施工定额等文件综合企业和工程实际情况所编制的，在工程确定承包关系以后进行，是施工单位内部经济核算和班组承包的依据。

三、编制施工组织设计

施工组织设计是指导施工现场全过程的，规划性的，全局性的技术、经济和组织的综合性文件，是施工准备工作的重要组成部分。通过施工组织设计，能为施工企业编制施工计划及实施施工准备工作计划提供依据，保证拟建工程施工的顺利进行。

第四节 施工现场准备

一、建设单位施工现场准备工作

建设单位在工程项目开工前，需要做好施工现场的各项准备工作。这不仅关乎工程能否顺利开工，更直接影响到施工过程的顺利进行和项目的最终质量。下文将详细介绍建设单位应如何按照合同条款中的约定，按时按质完成施工现场的准备工作。

（一）土地征用、拆迁补偿与场地平整

首先，建设单位需要办理土地征用、拆迁补偿等相关手续，确保施工场地具备施工条件。这包括与当地政府、居民等沟通协调，妥善解决土地征收、房屋拆迁等问题，确保施工进度不受影响。同时，在开工后，建设单位仍需继续负责解决可能出现的遗留问题，以保障施工过程的顺利进行。

其次，建设单位还需对施工场地进行平整，以满足施工需要。这包括清理场地内的杂物、平整地面、修建临时设施等。在平整过程中，建设单位需严格遵守相关规定，确保不对周围环境造成不良影响。

（二）施工所需水、电、电信线路的接入

建设单位需将施工所需的水、电、电信线路从施工场地外部接至专用条款约定的地点，以保证施工期间的需求。这需要建设单位提前与相关部门沟通协调，确保施工期间的水、电、通信等基础设施供应充足、稳定。同时，建设单位还需制定应急预案，以应对可能出现的断电、断水等突发情况，确保施工过程的连续性。

（三）施工场地道路及通道的开通

为了方便施工运输和保证施工期间的通道畅通，建设单位需开通施工场地

与城乡公共道路的通道，以及专用条款约定的施工场地内的主要道路。这包括修建临时道路、设置交通标志和警示标识等。同时，建设单位还需对施工场地内的道路进行定期维护和管理，确保道路畅通无阻。

（四）提供工程地质和地下管线资料

建设单位需向承包人提供施工场地的工程地质和地下管线资料，并对资料的真实性和准确性负责。这些资料对于承包人了解施工场地的地质条件、规划施工方案具有重要意义。因此，建设单位需确保提供的资料详尽、准确，以便承包人能够制定出科学合理的施工方案。

（五）办理施工许可证及其他相关手续

建设单位还需办理施工许可证及其他施工所需证件、批件和临时用地、停水、停电、中断道路交通、爆破作业等的申请批准手续（证明承包人自身资质的文件除外）。这些手续是工程项目开工的必要条件，也是保障施工过程合法合规的关键环节。建设单位需提前了解相关政策和流程，确保各项手续能够及时办理完毕。

（六）确定水准点与坐标控制点

建设单位还需确定水准点与坐标控制点，并以书面形式与承包人进行现场交验。这些控制点对于施工过程中的定位、测量和监控具有关键作用。因此，建设单位需确保其准确性和可靠性，以便承包人能够依据这些控制点进行精确的施工操作。

（七）协调处理地下管线和邻近建筑物的保护工作

在施工过程中，可能会涉及施工场地周围地下管线和邻近建筑物、构筑物（包括文物保护建筑）、古树名木的保护工作。建设单位需协调处理这些保护工作，并承担相关费用。这包括与相关部门沟通协调、制定保护方案、监督实施等。同时，建设单位还需加强对施工人员的培训和管理，提高他们对文物保护和环境保护的意识，确保施工过程不对周边环境造成破坏。

（八）加强安全管理与监督

除了上述具体工作，建设单位还需加强对施工现场的安全管理与监督。这包括建立健全的安全管理制度、制定应急预案、配备专职安全管理人员等。同时，建设单位还需定期组织安全检查和隐患排查治理工作，及时发现并消除安全隐患，确保施工过程的安全稳定。

（九）完善现场设施与标识

为了方便施工和管理，建设单位还需完善施工现场的各项设施和标识。这包括设置施工区域围挡、安装安全警示标识、设置临时设施等。同时，建设单位还需加强对施工现场的卫生管理，保持施工环境的整洁卫生。

二、施工单位现场准备工作

在建筑施工项目中，施工单位的现场准备工作至关重要，它是施工过程顺利进行和工程质量的保障。施工单位应按照合同条款中约定的内容和施工组织设计的要求，完成以下各项准备工作，以确保施工场地的安全、有序和高效。

（一）提供和维护照明、围栏设施，确保安全保卫

施工单位应根据工程需要，提供和维护非夜间施工使用的照明、围栏设施，并负责安全保卫工作。照明设施应满足施工现场的照明需求，确保夜间施工的安全进行；围栏设施应设置合理，有效隔离施工区域，防止非施工人员进入，确保施工场地的安全。同时，施工单位应建立健全安全保卫制度，加强现场巡查和监控，及时发现和处理安全隐患，确保施工场地的安全稳定。

（二）提供施工场地办公和生活的房屋及设施

按照专用条款约定的数量和要求，施工单位应向发包人提供施工场地办公和生活的房屋及设施。这些房屋及设施应满足办公和生活的基本需求，具备良好

的采光、通风和卫生条件，为施工人员提供一个舒适、安全的工作环境。同时，发包人应承担由此产生的费用，确保施工单位能够顺利完成施工任务。

（三）遵守政府管理规定，办理相关手续

施工单位应严格遵守政府有关主管部门对施工场地交通、施工噪声以及环境保护和安全生产等的管理规定。在施工过程中，施工单位应合理安排施工时间，尽量减少夜间施工对周边居民的影响；采取有效的噪声控制措施，降低施工噪声对周边环境的影响。同时，施工单位应积极配合政府主管部门的工作，办理施工许可、环保验收等相关手续，确保施工项目的合法性和规范性。

（四）做好地下管线和邻近建筑物的保护工作

根据条款约定，施工单位应做好施工场地地下管线和邻近建筑物、构筑物（包括文物保护建筑）、古树名木的保护工作。在施工前，施工单位应详细调查施工场地的地质、管线、建筑物等情况，制定合理的施工方案和措施，确保施工过程中不会对地下管线和邻近建筑物造成损害。同时，施工单位应加强对施工人员的培训和教育，提升他们的保护意识和技能水平，确保施工过程中的安全和工程质量。

（五）保持施工场地清洁，符合环境卫生管理要求

施工单位应确保施工场地清洁，符合环境卫生管理的有关规定。在施工过程中，施工单位应建立健全卫生管理制度，加强现场卫生管理，定期清理垃圾、废水等污染物，确保施工场地的环境整洁卫生。同时，施工单位应采取有效的防尘、降噪等措施，减少施工对环境的影响，提升周边居民的生活质量。

（六）建立测量控制网

为确保施工精度和效率，施工单位应建立测量控制网。通过设置合理的测量点和控制线，对施工场地进行精确的测量和定位，为后续的施工提供可靠的数据支持。在测量过程中，施工单位应严格遵守测量规范和标准，确保测量数据的

准确性和可靠性。

（七）完成“七通一平”工作

施工单位还应负责完成工程用地范围内的“七通一平”工作，即道路通、给水通、排水通、电力通、通信通、热力通、燃气通以及场地平整等。这些工作的完成将为后续的施工提供便利条件，确保施工过程的顺利进行。在平整场地时，如果建设单位要求由施工单位完成，费用仍由建设单位承担。施工单位应合理安排施工顺序和进度，确保“七通一平”工作的质量和效率。

（八）搭设现场生产和生活用地临时设施

为满足施工生产和生活的需要，施工单位应搭设现场生产和生活用地临时设施。这些设施包括临时办公室、仓库、宿舍、食堂等，应满足基本的使用需求，并符合安全、卫生和环保等要求。在搭设过程中，施工单位应充分考虑现场实际情况和施工进度，合理安排设施的位置和布局，确保设施的实用性和美观性。

总之，施工单位现场准备工作是确保建筑施工顺利进行的关键环节。只有做好以上各项准备工作，才可以为施工的顺利进行提供有力保障，确保工程质量和施工过程中的安全。同时，施工单位还应加强现场管理和协调，与发包人、监理单位等密切配合，共同推进项目的顺利进行。

三、施工现场准备的主要内容

（一）清除障碍物

施工场地内的一切障碍物，无论是地上的还是地下的，都应在开工前清除。这一工作通常由建设单位完成，有时也委托施工单位完成。拆除时，一定要摸清情况，尤其是在老城区内，由于原有建筑物和构筑物情况复杂，而且资料不全，在清除前应采取相应的措施，防止事故发生。对于房屋，一般只要把水源、电源切断后即可进行拆除。若房屋较大、较坚固，则有可能采用爆破的方法，这需要由专业的爆破作业人员来承担，并且须经有关部门批准。架空电线（电力、通信）、埋地电缆（包括电力、通信）、自来水管、污水管、煤气管道等的拆除，都要与有关部门取得联系并办好手续，一般由专业公司拆除。场内的树木需报请园林部门批准方可砍伐。拆除障碍物后，留下的渣土等杂物都应清除。运输时，应遵守交通、环保部门的有关规定，运土的车辆要按指定的路线和时间行驶，并采取封闭运输车辆或在渣土上直接洒水等措施，避免渣土飞扬而污染环境。

（二）做好“三通一平”

在工程用地范围内，施工现场应达到水通、电通、道路通和场地平整，简称“三通一平”。其实，工地上实际需要达到的往往不只是水通、电通、路通，有的工地还需要供应蒸汽、架设热力管线，称为“热通”；通煤气，称为“气通”；通电话作为联络通信工具，称为“电信通”；还可能因为施工中的特殊要求，需要达到其他的“通”。

（三）测量放线

按照设计单位提供的建筑总平面图及接收施工现场时建设方提交的施工场地范围、规划红线桩、工程控制坐标桩和水准基桩进行施工现场的测量与定位。这一工作是确定拟建工程平面位置的关键，施测中必须保证精度、杜绝错误。

施工时应根据建设单位提供的由规划部门给定的永久性坐标和高程，按建筑总图上的要求，进行现场控制网点的测量，妥善设立现场永久性标准，为施工全过程的投测创造条件。

在测量放线前，应做好检验校正仪器、校核红线桩（规划部门给定的红线，在法律上起着控制建筑用地的作用）与水准点，制定测量放线方案（如平面控制、标高控制、沉降观测和竣工测量等）等工作。如发现红线桩和水准点有问题，应提请建设单位处理。

建筑物应通过设计图中的平面控制轴线来确定其轮廓位置，测定后提交有关部门和建设单位验线，以保证定位的准确性。沿红线的建筑物，还要由规划部门验线，以防止建筑物压红线或超红线，为顺利施工创造条件。

（四）搭建临时设施

现场生活和生产用地临时设施，在安装时要遵照当地有关规定进行规划布置，如房屋的间距、标准是否符合卫生和防火要求，污水和垃圾的排放是否符合环境的要求等。因此，临时建筑平面图及主要房屋结构图都应报请城市规划、市政、消防、交通、环境保护等有关部门审查批准。

为了施工方便和行人的安全，对于指定的施工用地周界，应用围墙围护起来。围墙的形式和材料应符合市容管理的有关规定和要求，并在主要出入口设置标牌，标明工地名称、施工单位、工地负责人等。各种生产、生活用的临时设施，均应按批准的施工组织设计规定的数量、标准、面积、位置等要求组织搭建，不得乱搭乱建，并尽可能利用原有建筑物，减少临时设施的搭设，以便节约用地、节约投资。

各种生产、生活用的临时设施，包括各种仓库、混凝土搅拌站、预制构件场、机修站、各种生产作业棚、办公用房、宿舍、食堂、文化生活设施等，均应按批准的施工组织设计规定的数量、标准、面积、位置等要求组织修建。大、中型工程可分批分期修建。

（五）组织施工机具进场、安装和调试

按照施工机具需要量计划，分期分批组织施工机具进场，根据施工总平面布置图，将施工机具安置在规定的地点或仓库内。对于固定的机具要进行就位、搭设防护棚、接电源、保养和调试等工作。所有施工机具都必须在开工前进行检查和试运转。

（六）组织材料、构配件制品进场存储

按照材料、构配件、半成品的需要量计划组织物资、周转材料进场，并根据施工总平面图规定的地点和指定的方式进行储存和定位堆放。同时，按进场材料的批量，依据材料试验、检验要求，及时采样并提供建筑材料的试验申请计划，严禁不合格的材料存放在现场。

第五节　季节性施工准备

一、基本建筑材料的准备

季节性施工是指在气温、降水等气象因素有显著季节变化的地区进行建筑施工，需考虑不同季节的气候特点及其对建筑材料和施工过程能否影响。在这样的施工环境中，确保基本建筑材料的充分准备尤为重要，这关系到工程能否顺利进行和质量的好坏。下文将详细阐述季节性施工中基本建筑材料的准备工作，包括“三材”、地方材料和装饰材料的准备，以及材料储备、现场保管、堆放和技术试验等方面的注意事项。

（一）基本建筑材料的准备

1.“三材”的准备

“三材”通常是指钢筋、水泥和木材等主要的建筑材料。在季节性施工中，由于气候因素的变化，这些材料的供应和储备需要特别关注。

（1）应根据施工进度计划和材料需用量计划，提前组织货源，确保供应的及时性和连续性。在采购过程中，应关注市场价格波动，合理安排采购时机，以降低成本。

（2）对于钢筋和水泥等易受潮的材料，应采取防潮措施，如搭建临时仓库或覆盖防水布等。同时，对于不同规格和型号的材料，应进行分类存放，以便施工时快速取用。

（3）木材的准备应注意材质的选择和干燥处理。在选购木材时，应关注其含水率和强度等性能指标，确保符合施工要求。对于潮湿的木材，应进行干燥处理，以降低其含水率，防止在施工过程中出现开裂和变形等问题。

2. 地方材料的准备

地方材料是指施工现场附近的砂石、砖瓦等建筑材料。在季节性施工中，这些材料的准备也至关重要。

（1）应根据施工进度和材料需用量计划，提前了解当地材料市场的情况，选择合适的供应商和采购渠道。同时，应注意检查材料的质量，确保其符合施工要求。

（2）对于砂石等散装材料，应做好运输和堆放工作。在运输过程中，应确保车辆密封性良好，防止材料撒漏而污染环境。在堆放时，应注意材料的分类和标识，以便施工时快速取用。

（3）对于砖瓦等成品材料，应注意保护其完整性和美观性。在搬运和堆放过程中，应轻拿轻放，避免破损和变形。同时，应做好防雨防晒工作，以延长其使用寿命。

3．装饰材料的准备

装饰材料是施工中用于装饰和美化建筑物的材料。在季节性施工中，装饰材料的准备同样不可忽视。

（1）应根据设计要求选择合适的装饰材料。在选择过程中，应关注其材质、颜色、纹理等性能指标，确保符合设计要求。同时，应考虑其环保性能和耐候性能，以确保施工质量和建筑物的使用寿命。

（2）在采购装饰材料时，应关注其尺寸和规格的准确性和一致性。对于不同批次的材料，应进行比对和检查，以确保施工效果的一致性。

（3）在存放和保管装饰材料时，应注意防潮、防晒和防尘等。对于易损材料和特殊材料，应采取专门的保护措施，以确保其质量和完整性。

（二）材料储备的注意事项

1．合理分期分批储备

在季节性施工中，由于施工进度和气候条件的变化，材料的储备应分期分批进行。现场储备的材料过多会造成积压，增加材料保管的负担，同时也占用过多流动资金；储备少了又会影响正常生产。因此，应根据工程进度和材料需用量计划，合理安排材料的储备时间和数量。

2．做好现场保管工作

材料的现场保管工作是确保材料质量和数量的重要环节。在保管过程中，应做好材料的防潮、防晒、防尘等工作，以防止材料受潮、变质或损坏。同时，应定期进行材料的检查和盘点，确保材料的数量和质量与计划相符。

3．合理堆放和标识

现场储备的材料应按照施工平面布置图的位置堆放，以减少二次搬运。在堆放时，应注意材料的分类和标识，以便施工时快速取用。同时，应确保材料堆放整齐、稳定，防止倒塌和损坏。对于特殊材料和易损材料，应采取专门的保护措施，如搭建临时仓库或覆盖防水布等。

4．防水、防潮措施及易碎材料的保护

在季节性施工中，防水、防潮措施及易碎材料的保护尤为重要。材料在存储和运输过程中容易受到外界环境的影响，因此应采取有效的保护措施。

（1）防水、防潮措施

对于易受水分侵蚀的材料，如水泥、木材等，应存放在干燥通风的地方，并采取必要的防水措施，如覆盖防雨布或设置防雨棚。同时，要定期检查材料的湿度和状态，发现受潮或霉变现象应及时处理。

（2）易碎材料的保护

易碎材料如玻璃、瓷砖等，在存储和运输过程中应采取防震、防碎措施。可以使用泡沫、纸板等包装材料进行保护，并避免与尖锐物品接触。在搬运过程中要轻拿轻放，避免碰撞和摔落。

（三）技术试验和检验工作

1．无出厂合格证明和未测试材料的处理

对于无出厂合格证明和没有按规定测试的原材料，一律不得使用。在材料进场前，应要求供应商提供相关的合格证明和测试报告，并进行必要的复验。对于不符合要求的材料，应及时与供应商沟通并退换。

2. 不合格建筑材料和构件的处理

不合格的建筑材料和构件一律不准出厂和使用。在施工过程中，应加强对材料质量的检查和监督，发现不合格材料应及时处理并记录。对于存在质量问题的构件，应要求返工或重新制作。

3. 特殊材料和进口材料的把关

对于没有把握的材料或进口原材料、某些再生材料的储备，更要严格把关。在采购和使用这些材料时，应充分了解其性能特点和适用范围，并进行必要的试验和检验。同时，应关注其环保性能和安全性能，确保符合施工要求和标准。

（四）季节性施工中的特殊注意事项

在季节性施工中，需注意以下特殊事项。

1. 高温季节施工

在高温季节施工时，应注意防止材料因暴晒而变质。同时，要合理安排施工时间，避免在高温时段进行高强度作业，保障施工人员的身体健康。

2. 雨季施工

在雨季施工时，应做好防雨措施，确保施工现场排水畅通。同时，要加强材料的防水保护，防止因雨水浸泡而导致材料损坏。

3. 冬季施工

在冬季施工时，要注意材料的保温措施，防止因低温导致材料性能下降。同时，要确保施工现场的取暖设施安全有效，以保障施工人员可正常作业。

二、拟建工程所需构（配）件、制品的加工准备

（一）预制构（配）件、门窗的加工准备

在工程项目施工中，预制构（配）件和门窗是不可或缺的重要环节。为了确保施工顺利进行，需要提前进行加工准备，以满足工程进度的需求。

首先，需要根据施工图纸和设计要求，确定预制构（配）件和门窗的种类、

规格和数量。在此基础上，可以编制加工计划，明确加工的顺序和时间节点。

其次，需要选择具备相应资质和加工能力的厂家进行合作。在选择厂家时，需要考察其生产设备、技术水平、产品质量以及售后服务等方面，确保所选择的厂家能够满足加工需求。

最后，需要与厂家签订加工合同，明确双方的权利和义务。合同中应包括构（配）件的品种、规格、数量、质量要求、交货时间、运输方式、验收标准等条款，以确保加工过程中的各项事宜顺利进行。

（二）金属构件的加工准备

金属构件在工程项目中扮演着重要的角色，如钢结构、管道、桥梁等。为了确保金属构件的质量和性能，同样需要进行加工准备。

首先，需要根据施工图纸和设计要求，确定金属构件的种类、规格和数量。在此基础上，可以制定详细的加工方案，包括切割、焊接、组装等工艺流程。

其次，需要选择适合加工金属构件的设备和工具。这些设备和工具应具备高精度、高效率的特点，以确保金属构件的加工质量和效率。

最后，还需要对加工人员进行培训和管理，提升他们的专业技能和安全意识。加工人员应熟悉加工流程和操作规程，严格按照要求进行操作，确保金属构件的加工质量和安全。

（三）水泥制品的加工准备

水泥制品的加工如预制楼板、梁、柱等是工程项目中的重要环节。为了确保水泥制品的质量和性能，需要进行加工准备。

首先，需要选择合格的水泥、砂、石等原材料，并进行必要的检测和试验，以确保原材料的质量符合要求。

其次，需要制定水泥制品的加工工艺流程，包括搅拌、浇筑、养护等环节。在搅拌过程中，需要控制水灰比、搅拌时间等参数，以确保混凝土的质量和性能。在浇筑和养护过程中，需要注意温度、湿度等环境因素对水泥制品质量的影响。

最后，还需要对水泥制品进行质量检验和验收。通过检测抗压强度、抗折强度等指标，可以评估水泥制品的质量是否符合设计要求。对于不合格的水泥制品，需要及时进行处理和更换，以确保工程的质量和安全。

（四）卫生洁具的安装准备

安装卫生洁具是工程项目中不可或缺的一部分，包括安装马桶、洗手盆、浴缸等。为了确保卫生洁具的质量和安装效果，需要进行加工准备。

首先，需要根据施工图纸和设计要求，确定卫生洁具的种类、规格和数量。在此基础上，可以制定详细的安装方案，包括安装位置、固定方式等。

其次，需要选择合格的卫生洁具产品，并进行必要的检测和验收。通过检查产品的外观质量、尺寸精度等指标，可以确保所选产品符合设计要求和质量标准。

最后，在安装过程中，需要严格按照安装方案进行操作，确保卫生洁具的安装位置和固定方式正确无误。同时，还需要注意安装过程中的安全问题，如防止漏水、防电击等。

（五）商品混凝土现浇工程的供货准备

对于采用商品混凝土现浇的工程，需要与生产单位签订供货合同，以确保混凝土的供应和质量。

首先，需要与具备相应资质和信誉的商品混凝土生产单位进行联系和沟通，了解其生产能力、产品质量和供货能力等情况。在此基础上，选择适合的生产单位进行合作。

其次，在签订供货合同时，需要明确混凝土的品种、规格、数量、需要时间及送货地点等关键信息。合同中还应包括质量标准、验收方式、违约责任等条款，以确保双方在供货过程中的权益得到保障。

最后，在混凝土供应过程中，需要与生产单位保持密切联系和沟通，确保混凝土的供应及时、准确。同时，还需要对混凝土的质量进行检验和验收，确保混凝土的质量符合设计要求和质量标准。

通过以上加工准备工作的实施，可以确保拟建工程所需构（配）件、制品的质量和性能符合设计要求，为工程的顺利进行提供有力保障。

三、施工机具的准备

根据采用的施工方案，安排施工进度，确定施工机械的类型、数量和进场时间。确定施工机具的供应办法和进场后的存放地点和方式，编制建筑安装机具的需要量计划，为组织运输、确定堆场面积等提供依据。其主要内容如下所述。

（一）加工翻样及需用量计划编制

1. 加工翻样工作

根据施工进度计划及施工预算所提供的各种构（配）件及设备数量，进行加工翻样工作。翻样工作旨在确保构配件及设备按照设计要求进行精确制作，满足施工需要。翻样人员应具备丰富的经验和专业知识，确保翻样结果的准确性和可靠性。

2. 需用量计划编制

根据加工翻样结果，编制相应的构配件及设备需用量计划。该计划应详细列出各种构配件及设备的需求数量、规格型号、使用时间等信息，为后续的订货和采购工作提供依据。

（二）订货计划制定与合同签订

1. 订货计划制定

根据需用量计划，向有关厂家提出加工订货计划要求。在选择厂家时，应充分考虑其产品质量、生产能力和信誉度等因素，确保所订购的构配件及设备符合设计要求和质量标准。

2. 合同签订

与厂家签订订货合同，明确双方的权利和义务。合同中应包括产品规格型号、数量、质量要求、交货时间、付款方式等条款，确保合同的合法性和有效性。

（三）施工机具订购与租赁

1. 订购与租赁需求分析

针对施工企业缺少且需要的施工机具，应进行需求分析，确定所需机具的种类、数量和使用时间等。同时，考虑成本效益和工程进度，选择合理的订购或租赁方式。

2. 订购与租赁合同签订

与有关部门或租赁公司签订订购和租赁合同，明确机具的规格型号、数量、价格、租赁期限、维修保养等条款。确保合同内容清晰明确，避免后续纠纷。

（四）大型施工机械需求与准备

1. 大型机械需求确定

根据施工进度计划和现场实际情况，确定所需的大型施工机械（如塔式起重机、挖土机、桩基设备等）的种类、数量和使用时间。与相关专业分包单位进行沟通协调，确保大型机械的需求得到满足。

2. 分包合同签订与进场准备

在落实大型机械需求后，与分包单位签订分包合同，明确双方的责任和权益。同时，为大型机械按期进场做好准备工作，包括道路平整、基础处理、安全防护设施的设置等。

（五）施工机具安装、调试与检查

1. 安装与调试

按照施工机具需要量计划，组织施工机具进场。根据施工总平面图将施工机具安置在规定的地方或仓库。对于施工机具要进行就位、搭棚、接电源、保养、调试工作，确保施工机具能够正常运行，满足施工需要。

2. 检查与试运转

在施工机具安装、调试完成后，对所有施工机具进行检查和试运转。检查内容包括机具的完整性、安全性、性能等方面。试运转过程中应观察机具的运行状态，确保其能够正常工作且符合设计要求。

（六）安全管理与维护保养

1. 安全管理

在施工机具使用过程中，应严格遵守安全操作规程，确保操作人员的安全。定期对施工机具进行安全检查，及时发现并处理安全隐患。同时，加强现场安全管理，设置明显的安全警示标志和防护措施，防止安全事故的发生。

2. 维护保养

定期对施工机具进行维护保养，延长其使用寿命。根据机具的使用情况和保养要求，制定相应的保养计划，并按照计划实施。保养内容包括清洁、润滑、紧固、更换易损件等。通过科学合理的维护保养措施，确保施工机具始终处于良好的工作状态。

四、模板和脚手架的准备

模板和脚手架是施工现场使用量最大、堆放占地面积最大的周转材料。模板及其配件规格多、数量大，对堆放场地要求比较高，一定要分规格、型号整齐码放，便于使用及维修；大钢模一般要求立放，并防止倾倒，在现场也应规划出必要的存放场地；钢管脚手架、桥脚手架、吊篮脚手架等都应按指定的平面位置堆放整齐，对扣件等零件还应做好防雨措施，以防锈蚀。

五、生产工艺设备的准备

订购生产用的生产工艺设备，要注意交货时间与土建进度密切配合，因为某些庞大设备的安装往往要与土建施工穿插进行，如果土建全部完成或封顶后，安装会有困难，故各种设备的交货时间要与安装时间密切配合，以免影响建设工期。准备时按照拟建工程生产工艺流程及工艺设备的布置图给出工艺设备的名称、型号、生产能力和需要量，确定分期分批进场时间和保管方式，编制工艺设备需要量计划，为组织运输、确定堆场面积提供依据。

第六节　其他施工准备

一、资金准备

施工项目的实施需要耗费大量的资金，在施工过程中可能会遇到资金不到位的情况，包括资金的时间不到位和数量不到位，这就要求施工企业认真进行资金准备。资金准备工作具体内容主要有：编制资金收入计划；编制资金支出计划；筹集资金；掌握资金贷款、利息、利润、税收等情况。

二、做好分包工作

大型土石方工程、结构安装工程以及特殊构筑物工程等的施工，若需实行分包的，则需在施工准备工作中依据调查中了解的有关情况，选定理想的协作单位。根据欲分包工程的工程量、完工日期、工程质量要求和工程造价等内容，签订分包合同。进行工程分包必须按照有关法规执行。

三、向主管部门提交开工申请报告

在进行相应施工准备工作的同时，若具备开工条件，应及时填写开工申请报告，并上报主管部门以获得批准。

四、冬期施工各项准备工作

（一）合理安排冬期施工项目

为了保证工程施工质量、合理控制施工费用，在施工组织安排上要综合研究，明确冬期施工的项目，做到冬期不停工，且冬期采取的措施费用增加较少。

（二）落实各种热源供应和管理

热源供应和管理包括各种热源供应渠道、热源设备和冬期用的各种保温材料的存储和供应、司炉工培训等工作。

（三）做好测温工作

冬期施工昼夜温差较大，为保证施工质量，在整个冬期施工过程中，项目部要组织专人进行测温工作，每日实测室外最低温度、最高温度、砂浆温度，并负责把每天测温情况通知工地负责人。出现异常情况立即采取措施。测温记录最后由技术人员归入技术档案。

（四）做好保温防冻工作

冬期来临前，为保证室内其他项目能顺利施工，应做好室内的保温施工项目，如先完成供热系统，安装好门窗玻璃等项目；室外各种临时设施要做好保温防冻，如防止给排水管道冻裂，防止道路积水结冰，及时清扫道路上的积雪，以保证运输顺利。

（五）加强安全教育，严防火灾发生

为确保施工质量，避免事故发生，要做好职工培训及冬期施工的技术操作和安全施工的教育，要有防火安全技术措施，并经常检查落实，保证各种热源设备完好。

五、雨期施工各项准备工作

（一）防洪排涝，做好现场排水工作

雨期来临前，应对施工现场做好防洪排涝准备，做好排水沟渠的开挖，准备好抽水设备，防止因场地积水和地沟、基槽、地下室等浸水而造成损失。

（二）做好雨期施工安排，尽量避免雨期窝工造成的损失

一般情况下，在雨期到来前，应多安排完成基础、地下工程，土方工程，

室外及屋面工程等不宜在雨期施工的项目；多留些室内工作在雨期施工。将不宜在雨期施工的工程提前或延后安排，对必须在雨期施工的工程制定有效措施，晴天抓紧室外作业，雨天安排室内工作。注意天气预报，做好防汛准备，遇到大雨、大雾、雷击和6级以上大风等恶劣天气，应当停止进行露天高处、起重吊装和打桩等作业。

（三）做好道路维护，保证运输畅通

雨期到来前检查道路边坡排水，适当抬高路面，防止路面凹陷，保证运输畅通。

（四）做好物资的存储

雨期到来前，材料、物资应多存储，减少雨期运输量，以节约费用。要准备必要的防雨器材，库房四周要有排水沟渠，以防物资淋雨浸水而变质。

（五）做好机具设备等防护

雨期施工，对现场的各种设施、机具要加强检查，特别是脚手架、垂直运输设施等，要采取防倒塌、防雷击、防漏电等技术措施。

（六）加强施工管理，做好雨期施工的安全教育

要认真编制雨期施工技术措施，并认真组织贯彻实施。加强对职工的安全教育，防止各种事故的发生。

（七）加固整修临时设施及其他准备工作

（1）施工现场的大型临时设施在雨期前应整修加固完毕，保证不漏、不塌、不倒和周围不积水，严防水冲入设施内。选址要合理，避开易发生滑坡、泥石流、山洪、坍塌等灾害的地段。大风和大雨后，应当检查临时设施地基和主体结构情况，发现问题及时处理。

（2）雨后应及时对坑槽沟边坡和固壁支撑结构进行检查，深基坑应当派专人认真测量，观察边坡情况，如果发现边坡有裂缝、疏松，支撑结构折断、移动

等危险征兆，应当立即采取处理措施。

（3）雨期施工中遇到气候突变，如暴雨造成水位暴涨、山洪暴发或因雨发生坡道打滑等应及时采取应急措施。

（4）雷雨天气不得进行露天电力爆破土石方作业，如中途遇到雷电，应迅速将雷管的脚线、电线主线两端连成短路。

（5）大风、大雨后作业时应当检查起重机械设备的基础、塔身的垂直度、缆风绳和附着结构以及安全保险装置，并先进行试吊，确认无异常后方可作业。

（6）落地式钢管脚手架底座应当高于自然地坪 50mm，并将地面夯实整平，预留一定的散水坡度，在周围设置排水措施，防止雨水浸泡。

（7）遇到大雨、大雾、高温、雷击和 6 级以上大风等恶劣天气，应停止搭设和拆除作业。

（8）大风、大雨后要组织人员检查脚手架是否牢固，如有倾斜、下沉、松扣、崩扣和安全网脱落、开绳等现象，要及时进行处理。

六、夏期施工各项准备工作

夏期施工最显著的特点就是环境温度高、相对湿度较小、雨水较多，所以要认真编制夏期施工的安全技术施工预案，并做好各项准备工作。

（一）编制夏期施工项目的施工方案，并认真组织贯彻实施

根据施工生产的实际情况，积极采取行之有效的防暑降温措施，充分发挥现有降温设备的功能，添置必要的设施，并及时做好检查维修工作。

（二）现场防雷装置的准备

首先，防雷装置设计应取得当地气象主管机构核发的《防雷装置设计核准意见书》。其次，待安装的防雷装置应符合国家有关标准和国务院气象主管机构规定的使用要求，并具备出厂合格证等证明文件。最后，从事防雷装置的施工单位和施工人员应具备相应的资质证书或资格证书，并按照国家有关标准和国务院气象主管机构的规定进行施工作业。

七、施工人员防暑降温的准备

一是关心职工的生产、生活，确保职工劳逸结合，严格控制加班时间。入暑前，抓紧做好高温、高空作业工人的体检，对不适合高温、高空作业者，应适当调换工作。二是施工单位在安排施工作业任务时，要根据当地的天气特点尽量调整作息时间，避开高温时段，采取各种措施保证职工得到良好的休息，保持良好的精神状态。三是施工单位要确保施工现场的饮用水供应，适当提供部分含盐饮料或绿豆汤，必须保证饮品的清洁卫生，保证施工人员有足量的饮用水供应。及时发放藿香正气水、人丹、十滴水、清凉油等防暑药物，防止中暑和传染疾病的发生。四是在密闭空间作业，要避开高温时段进行，必须进行时要采取通风等降温措施，采取轮换作业方式，每班作业 15 ~ 20 分钟，并设立专职监护人。长时间露天作业，应采取搭设防晒棚及其他防晒措施。五是患有高温禁忌证的人员要适当调整工作时间或岗位，避开高温环境和高空作业。

八、劳动组织的准备

（一）建立施工项目的组织机构

施工项目组织机构的建立应遵循的原则：根据工程规模、结构特点和复杂程度，确定施工组织的领导机构名额和人选；坚持合理分工与密切协作相结合的原则；把有施工经验、有创新精神、工作效率高的人选入领导机构；认真执行因事设职、因职选人。对于一般单位工程，可设一名工地负责人，再配施工员、质检员、安全员及材料员等；对于大型的单位工程或群体项目，则需配备一套班子，包括技术、材料、计划等管理人员。

（二）建立精干的施工队伍

施工队伍的建立要认真考虑专业、工种的合理配备，技工、普工的比例要满足合理的劳动组织及流水施工组织方式的要求，建立施工队组（专业施工队组，或混合施工队组）要坚持合理、精干高效的原则；人员配置要从严控制二三线管理人员，力求一专多能、一人多职，同时，制定出该工程的劳动力需要量计划。

（三）集结施工力量，组织劳动力进场

工地领导机构确定之后，按照开工日期和劳动力需要量计划，组织劳动力进场。同时，要进行安全、防火和文明施工等方面的教育，并安排好职工的生活。

建立健全各项管理制度。工地的各项管理制度直接影响其各项施工活动的顺利进行，因此必须建立健全工地的各项管理制度。一般管理制度包括：工程质量检查与验收制度；工程技术档案管理制度；建筑材料（构件、配件、制品）的检查验收制度；技术责任制度；施工图纸学习与会审制度；技术交底制度；职工考勤、考核制度；工地及班组经济核算制度；材料出入库制度；安全操作制度；机具使用保养制度。

（四）基本施工班组的确定

基本施工班组应根据工程的特点、现有的劳动力组织情况及施工组织设计的劳动力需要量计划来确定。各有关工种工人的合理组织，一般有以下几种参考形式。

1. 砖混结构的房屋

砖混结构的房屋采用混合班组施工的形式较好。在结构施工阶段，主要是砌筑工程。应以瓦工为主，配备适量的架子工、木工、钢筋工、混凝土工以及小型机械工等。装饰阶段则以抹灰工、油漆工为主，配备适当的木工、管道工和电工等。这些混合施工队的特点是：人员配备较少，工人以本工种为主兼做其他工作，工序之间的衔接比较紧凑，因而劳动效率较高。

2. 全现浇结构房屋

全现浇结构房屋采用专业施工班组的形式较好。主体结构要浇灌大量的钢筋混凝土，故模板工、钢筋工、混凝土工是其主要工种。装饰阶段须配备抹灰工、油漆工、木工等。

3. 预制装配式结构房屋

预制装配式结构房屋采用专业施工班组的形式较好。这种结构的施工以构

件吊装为主，故应以吊装起重工为主。因焊接量较大，电焊工要充足，并配以适当的木工、钢筋工、混凝土工。同时，根据填充墙的砌筑量配备一定数量的瓦工。装修阶段须配备抹灰工、油漆工、木工等专业班组。

（五）做好分包或劳务安排

由于建筑市场的开放和用工制度的改革，施工单位仅仅靠自身的基本队伍来完成施工任务已非常困难，往往要联合其他建筑队伍（一般称外包施工队）共同完成施工任务。

1. 外包施工队独立承担单位工程的施工

有一定技术管理水平、工种配套并拥有常用的中小型机具的外包施工队伍，可独立承担某一单位工程的施工。在经济上，可采用包工、包材料消耗的方法，企业只需抽调少量的管理人员对工程进行管理，并负责提供大型机械设备、模板、架设工具及供应材料。

2. 外包施工队承担某个分部（分项）工程的施工

外包施工队承担某个分部（分项）工程的施工，实质上就是单纯提供劳务，而管理人员以及所有的机械和材料，均由本企业提供。

3. 临时施工队伍与本企业队伍混编施工

临时施工队伍与本企业队伍混编施工，是指将本身不具备施工管理能力，只拥有简单的手动工具，仅能提供一定数量的个别工种的施工队伍，编排在本企业施工队伍之中，指定一批技术骨干带领他们操作，以保证质量和安全，共同完成施工任务。使用临时施工队伍时，要进行技术考核，达不到技术标准、质量没有保证的不得使用。

（六）做好施工队伍的教育

施工前，企业要对施工队伍进行劳动纪律、施工质量和安全教育，要求本企业职工和外包施工队人员必须做到遵守劳动时间，坚守工作岗位，遵守操作规程，保证产品质量，保证施工工期及安全生产，服从调动，爱护公物。同时，企业还应做好职工、技术人员的培训和技术更新工作，只有不断提高职工、技术人

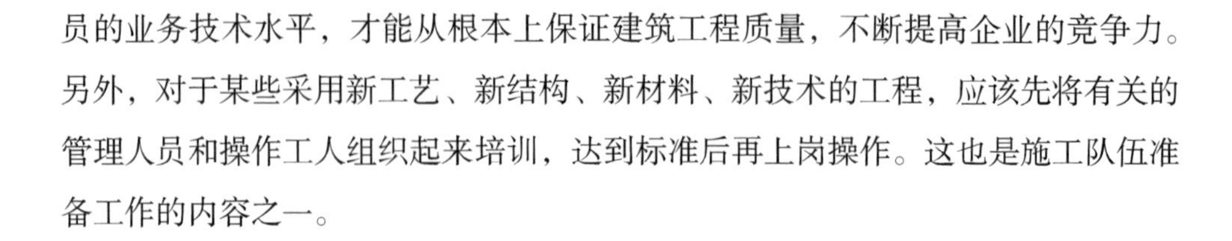

员的业务技术水平，才能从根本上保证建筑工程质量，不断提高企业的竞争力。另外，对于某些采用新工艺、新结构、新材料、新技术的工程，应该先将有关的管理人员和操作工人组织起来培训，达到标准后再上岗操作。这也是施工队伍准备工作的内容之一。

第三章
建筑工程施工技术

第一节 施工测量技术

一、常用测量仪器的性能与应用

在建筑施工过程中，测量工作起着至关重要的作用，它涉及工程的定位、放线、高程控制等多个环节。为了准确、高效地完成测量任务，各种测量仪器被广泛应用于施工现场。本章将详细介绍几种常用的测量仪器及其性能与应用。

（一）钢尺

钢尺是建筑施工中最基本的测量工具之一，其主要作用是进行距离测量。钢尺具有结构简单、操作方便、测量精度高等特点，因此在楼层测量放线等工作中得到了广泛应用。

在使用钢尺进行测量时，需要注意以下几点：首先，钢尺作为一种精密的测量工具，其平直度直接影响着测量结果的准确性。在测量过程中，任何形式的弯曲或扭曲都可能导致测量误差的产生。因此，在使用钢尺时，应当确保钢尺放置平稳、无晃动，避免在测量过程中因操作不当或外力作用而导致钢尺的形变。其次，在测量过程中，要尽量避免钢尺与障碍物或地面发生摩擦。这种摩擦不仅可能损坏钢尺的表面，还可能对测量结果产生影响。例如，在测量长度时，如果钢尺与地面摩擦，可能会使钢尺的刻度发生偏移，导致测量结果不准确。再次，钢尺的长度有限，无法一次性测量较长的距离，因此对于较长的距离测量，需要采用分段测量的方法，将待测距离划分为若干段，逐段进行测量。在分段测量的过程中，还需要注意每段测量的起点和终点要与前一段或后一段的起点和终点对齐，以确保测量结果的连续性。最后，在每段测量结束后，还需要进行校核工作。校核的目的是检查测量过程中是否存在误差或遗漏，并对测量结果进行调整。通过校核，可以确保每段测量的准确性，并将各段测量结果汇总得出最终的测量结果。

（二）水准仪

水准仪是进行水准测量的主要仪器，它由望远镜、水准器和基座三部分组成。水准仪的主要功能是测量两点间的高差，通过已知的控制点高程来推算测点的高程。此外，利用视距测量原理，水准仪还可以测量两点间的大致水平距离。

在使用水准仪进行测量时，需要注意以下几点：首先，在安置水准仪的过程中，确保基座稳固至关重要。基座作为水准仪的支撑部分，其稳定性直接影响到测量的精确性。因此，在安置水准仪时，应当选择平坦、坚硬的地面，并借助三脚架等辅助工具，使基座牢固地固定在地面上。同时，还需检查基座是否水平，以确保水准仪在使用过程中不会发生晃动或倾斜。其次，校准是确保水准仪正常工作和测量准确性的重要步骤。在校准过程中，应按照水准仪的使用说明书进行操作，通过调整望远镜的焦距、水平气泡等参数，使水准仪达到最佳工作状态。此外，定期对水准仪进行校准也是必不可少的，以确保其长期使用的准确性。还有，望远镜作为水准仪的主要观测部件，其清晰度直接影响到对目标点的观察和判断。因此，应确保望远镜的镜头干净、无污物，并在使用过程中避免触摸镜头，以免影响其清晰度。同时，在观测过程中，还需保持望远镜的稳定性，避免由于视差或抖动导致的测量误差。这可以通过使用三脚架、调整望远镜的锁紧装置等方式来实现。最后，为了提高测量结果的精度，还可以采用一些辅助手段。例如，在测量过程中，可以使用多个测量点进行重复测量，以减小偶然误差的影响；同时，还可以借助其他测量工具，如全站仪、GPS 等，对水准仪的测量结果进行验证和校正。

（三）经纬仪

经纬仪是一种能进行水平角和竖直角测量的仪器，它由照准部、水平度盘和基座三部分组成。经纬仪不仅可以用于角度测量，还可以借助水准尺和视距测量原理，测出两点间的大致水平距离和高差，进行点位的竖向传递测量。

在使用经纬仪进行测量时，需要注意以下几点：首先，在安置经纬仪的过程中，必须确保基座水平且稳固。同水准仪一样，基座作为经纬仪的支撑部分，其稳定性和水平性都会影响测量结果的准确性。因此，在安置经纬仪之前，应选择平坦且坚实的地面，并使用水平尺或水准仪等工具对基座进行精确调整，以确保其水平度。其次，在进行测量前，需要对经纬仪进行校准。经纬仪的校准主要包括水平度盘和竖直度盘的校准。水平度盘用于测量水平角，而竖直度盘则用于测量竖直角。校准过程中，需要注意避免外界因素对校准结果的影响，如温度、湿度等环境因素的变化。再次，在进行角度测量时，需要保持照准部稳定。照准部是经纬仪用于瞄准目标的部件，其稳定性直接影响到瞄准的准确性。因此，在测量过程中，应确保照准部固定牢固，避免在瞄准过程中出现晃动或偏移。同时，为了进一步提高瞄准的准确性，还可以采用光学望远镜等辅助工具进行瞄准，以提高测量的精度。最后，在使用经纬仪进行测量时还需要注意一些其他事项。例如，在测量过程中应尽量避免阳光直射或强风等不利因素的影响；在记录测量结果时，应使用规范的格式和单位，并保留足够的精度；在测量结束后，还应对经纬仪进行清洁和维护，以延长其使用寿命和保持其性能稳定。

（四）激光铅直仪

激光铅直仪主要用来进行点位的竖向传递，如高层建筑施工中轴线点的竖向投测等。激光铅直仪具有操作简便、测量精度高等特点，因此在高层建筑施工中得到了广泛应用。

在使用激光铅直仪进行测量时，需要注意以下几点：首先，在安置激光铅直仪的过程中，必须确保仪器稳固地放置在平坦且坚硬的地面上，并且要使其垂直于地面。仪器在测量过程中发生晃动或倾斜，将会导致测量结果出现偏差。其次，在进行测量前，需要对激光铅直仪进行校准。这是因为在使用过程中，仪器可能会受到外部环境、温度变化等因素的影响，导致其垂直度发生变化。因此，在每次使用前，应该按照说明书上的操作步骤，对仪器进行校准。这通常包括调整激光束的亮度、聚焦和垂直度等参数，确保激光束能够准确地投射到目标点上。再次，在进行点位竖向传递时，需要特别注意观察激光束在目标点的位置。这是因为激光束的投射路径可能会受到空气流动、尘埃等因素的影响，导致其位置发生偏移。因此，在传递点位时，应该保持仪器和目标点之间的视线清晰，并尽可能减少外部干扰因素的影响。同时，还需要使用适当的标记工具，如铅笔、标记笔等，在目标点上标出激光束的投射位置，以确保传递的准确性。最后，还可以通过引用一些统计数据或实证研究来进一步支持激光铅直仪测量的准确性和可靠性。例如，相关研究表明，激光铅直仪在测量垂直度方面的精度可以达到毫米级别，远高于传统测量方法。这使激光铅直仪在建筑工程等领域中得到了广泛应用。

（五）全站仪

全站仪是一种集角度测量、距离测量和数据处理于一体的现代化测量仪器。它由电子测距仪、电子经纬仪和电子记录装置三部分组成，具有操作方便、快捷、测量功能全等特点。使用全站仪进行测量时，除照准需人工操作外，其余操作均可自动完成，且测量精度高、速度快。

在使用全站仪进行测量时，需要注意以下几点：首先，在安置全站仪时，要确保仪器稳固且水平，避免在测量过程中发生晃动或倾斜。其次，在进行测量前，要对全站仪进行校准和设置，确保测量参数和模式正确。最后，在进行测量时，要保持仪器与目标点之间的通视条件良好，避免由于遮挡或干扰导致的测量误差。

二、施工测量的内容与方法

（一）施工测量的工作内容

1．对已知长度的测设

已知长度的测设是施工测量的基础任务之一。它通常涉及在施工现场通过测量设备，如钢尺、测距仪等，将已知的长度准确地标记在实地。这一工作通常要求严格遵循图纸和规范，确保长度的精确性。在实际操作中，测量人员需要考虑现场环境因素，如地形、地面平整度等，以确保测量的准确性。

2．对已知角度的测设

已知角度测设是施工测量的另一重要内容。它要求测量人员利用经纬仪、全站仪等设备，将已知的角度准确地测设在施工现场。角度测设对于确保建筑物的方位和形状至关重要，特别是在建造大型建筑或复杂的结构时，角度的准确测设显得尤为重要。

3．对建筑物细部点平面位置的测设

建筑物细部点平面位置的测设是施工测量的核心任务之一。它涉及对建筑物的各个关键点位，如柱脚、墙角等进行精确定位。这一工作通常要求利用测量设备，结合现场实际情况，进行精确的坐标测量和定位。细部点平面位置的准确测设对于确保建筑物的整体结构和功能至关重要。

4．对建筑物细部点高程位置及倾斜线的测设

除了平面位置，建筑物细部点的高程位置和倾斜线也是施工测量的重要内容。高程位置的测设通常涉及对建筑物各部分的垂直高度进行测量，以确保建筑物的高度和垂直度符合设计要求。倾斜线的测设则涉及对建筑物的倾斜程度进行测量，以评估其稳定性和安全性。

5. 其他测量工作

除了上述几个主要方面，施工测量还包括其他一些重要工作。例如，对于大型工程项目，可能需要进行沉降观测和变形监测，以掌握工程在施工和使用过程中的变形情况。此外，施工测量还涉及对测量成果的检查和校核，确保测量数据的准确性和可靠性。

而一般建筑工程，通常先布设施工控制网，再以施工控制网为基础，开展建筑物轴线测量和细部放样等施工测量工作。

（二）施工控制网测量

1. 建筑物施工平面控制网

建筑物施工平面控制网，应根据建筑物的设计形式和特点布设，一般布设成十字轴线或矩形控制网；也可根据建筑红线定位。平面控制网的主要测量方法有直角坐标法、极坐标法、角度交会法、距离交会法等。目前，一般采用极坐标法建立平面控制网。

2. 建筑物施工高程控制网

建筑物高程控制，应采用水准测量。附合路线闭合差，不应低于四等水准的要求。水准点可设置在平面控制网的标桩或外围的固定地物上，也可单独埋设。水准点的个数不得少于两个。在主要建筑物附近选取的高程控制点，也不得少于两个。高程测设是施工测量中常见的工作内容，一般用水准仪进行测量。

（三）结构施工测量

结构施工测量的主要内容包括：主轴线内控基准点的设置、施工层的放线与抄平、建筑物主轴线的竖向投测、施工层标高的竖向传递等。建筑物主轴线的竖向投测主要有外控法和内控法两类。多层建筑可采用外控法或内控法，高层建筑一般采用内控法。

第二节　地基与基础工程施工技术

一、土方工程施工技术

（一）土方开挖

（1）无支护土方工程采用放坡挖土，有支护土方工程可采用中心岛式（也称墩式）挖土、盆式挖土和逆作法挖土等。当基坑开挖深度不大、周围环境允许，经验算能确保土坡的稳定性时，可采用放坡开挖。

（2）中心岛式挖土，宜用于支护结构的支撑形式为角撑、环梁式或边桁（框）架式，中间具有较大空间情况下的大型基坑土方开挖。

（3）盆式挖土是先开挖基坑中间部分的土，四边留土坡，土坡最后挖除。采用盆式挖土方法可使周边的土坡对围护墙起到支撑作用，有利于减少围护墙的变形。其缺点是大量的土方不能直接外运，需集中提升后装车外运。

（4）在基坑边缘堆置土方和建筑材料，或沿挖方边缘移动运输工具和机械时，一般距基坑上部边缘不少于2m，堆置高度不应超过1.5m。在垂直的坑壁边，此安全距离还应适当加大。软土地区不宜在基坑边堆置弃土。

（5）开挖时应对平面控制桩、水准点、基坑平面位置、水平标高、边坡坡度等经常进行检查。

（二）土方回填

1. 土料要求与含水量控制

填方土料应符合设计要求，保证填方的强度和稳定性。一般不能选用泥，以及淤泥质土、膨胀土、有机质大于8%的土、含水溶性硫酸盐大于5%的土、含水量不符合压实要求的黏性土。填方土应尽量采用同类土。土料含水量一般以手握成团、落地开花为宜。

2. 基底处理

（1）清除基底上的垃圾、草皮、树根、杂物，排除坑穴中的积水、淤泥和种植土，将基底充分夯实和碾压密实。

（2）应采取措施防止地表滞水流入填方区，浸泡地基，造成基土下陷。

（3）当填土场地地面陡于 1 ∶ 5 时，应先将斜坡挖成阶梯形，阶高不大于 1m，台阶高宽比为 1 ∶ 2，然后分层填土，以利结合和防止滑动。

3. 土方填筑与压实

（1）填方的边坡坡度应根据填方高度、土的种类和重要性确定。对使用时间较长的临时性填方边坡坡度，当填方高度小于 10m 时，可采用 1 ∶ 1.5；超过 10m 时，可做成折线形，上部采用 1 ∶ 1.5，下部采用 1 ∶ 1.75。

（2）填土应从场地最低处开始，由下而上分层铺填。每层虚铺厚度应根据夯实机具确定，一般情况下每层虚铺厚度见表 3–1。

表 3–1 填土施工分层厚度及压实遍数

压实机具	分层厚度 /mm	每层压实遍数
平碾	250 ~ 300	6 ~ 8
振动压实机	250 ~ 350	3 ~ 4
柴油打夯机	200 ~ 250	3 ~ 4
人工打夯	< 200	3 ~ 4

（3）填方应在相对两侧或周围同时进行回填和夯实。

（4）填土应尽量采用同类土，填方的密实度要求和质量指标通常以压实系数 λe 表示。压实系数为土的控制（实际）干土密度 ρ_d 与最大干土密度 ρ_{dmax} 的比值。

二、基坑验槽与局部不良地基的处理方法

（一）验槽时必须具备的资料

验槽时必须具备的资料包括：详勘阶段的岩土工程勘察报告；附有基础平面和结构总说明的施工图阶段的结构图；其他必须提供的文件或记录。

（二）验槽前的准备工作

（1）察看结构说明和地质勘查报告，对比结构设计所用的地基承载力、持力层与报告所提供的是否相同；

（2）询问、察看建筑位置是否与勘查范围相符；

（3）察看场地内是否有软弱下卧层；

（4）场地是否为特别的不均匀场地，是否存在勘查方要求进行特别处理的情况而设计方没有进行处理；

（5）要求建设方说明场地内是否有地下管线和相应的地下设施。

（三）验槽程序

在施工单位自检合格的基础上进行，施工单位确认自检合格后提出验收申请。由总监理工程师或建设单位项目负责人组织建设、监理、勘查、设计及施工单位的项目负责人和技术质量负责人，共同按设计要求和有关规定进行。

（四）验槽的主要内容

（1）根据设计图纸检查基槽的开挖平面位置、尺寸、槽底深度，检查是否与设计图纸相符，开挖深度是否符合设计要求。

（2）仔细观察槽壁和槽底土质类型、均匀程度和有关异常土质是否存在，核对基坑土质及地下水情况是否与勘查报告相符。

（3）检查基槽之中是否有旧建筑物基础、井、直墓、洞穴、地下掩埋物及地下人防工程等。

（4）检查基槽边坡外缘与附近建筑物的距离，基坑开挖对建筑物稳定是否有影响。

（5）天然地基验槽应检查、核实、分析钎探资料，对存在的异常点位进行复核检查。对于桩基应检测桩的质量是否合格。

（五）验槽方法

地基验槽通常采用观察法。对于基底以下的土层不可见部位，通常采用钎探法。

1. 观察法

（1）槽壁、槽底的土质情况，验证基槽开挖深度及土质是否与勘查报告相符，观察槽底土质结构是否被人为破坏；验槽时应重点观察柱基、墙角、承重墙下或其他受力较大部位，如有异常部位，要会同勘查、设计等有关单位进行处理；

（2）基槽边坡是否稳定，是否有影响边坡稳定的因素存在，如地下渗水、坑边堆载或近距离扰动等；

（3）基槽内有无旧的房基、洞穴、古井、掩埋的管道和人防设施等，如存在上述问题，应沿其走向进行追踪，查明其在基槽内的范围、延伸方向、长度、深度及宽度；

（4）在进行直接观察时，可用袖珍式贯入仪辅助。

2. 钎探法

（1）钎探是用锤将钢钎打入坑底以下一定深度的土层内，按规定对基坑底面以下的土层进行探察，判断土质的软硬情况，并探察是否存在坑穴、古墓、古井、防空掩体及地下埋设物等；

（2）钢钎的打入分人工和机械两种；

（3）根据基坑平面图，依次编号绘制钎探点平面布置图；

（4）按照钎探点顺序号进行钎探施工；

（5）打钎时，同一工程应钎径一致、锤重一致、用力（落距）一致，每贯入 30cm 通常称为一步，记录一次锤击数，每打完一个孔，即填入钎探记录表内，最后进行统一整理；

（6）分析钎探资料，检查其测试深度、部位，以及测试钎探器具是否标准，记录是否规范，对钎探记录各点的测试击数要认真分析，分析钎探击数是否均匀，对偏差大于 50% 的点位，分析原因，确定范围，重新补测，对异常点用洛阳铲进一步核查；

（7）钎探后的孔要用砂灌实。

3. 轻型动力触探

遇到下列情况之一时，应在基底进行轻型动力触探：一是持力层明显不均匀；二是浅部有软弱下卧层；三是有浅埋的坑穴、古墓、古井等，直接观察难以发现时；四是勘查报告或设计文件规定应进行轻型动力触探时。

（六）局部不良地基的处理

局部不良地基的处理主要包括局部硬土的处理和局部软土的处理（见表 3–2）。

表 3–2　局部不良地基的处理

类别	施工技术
局部硬土的处理	挖掉硬土部分，以免造成不均匀沉降。处理时要根据周边土的土质情况确定回填材料，如果全部开挖较困难时，在其上部做软垫层处理，使地基均匀沉降
局部软土的处理	在地基土中由于外界因素的影响（如管道渗水）、地层的差异或含水量的变化，会造成地基局部土质软硬差异较大。如软土厚度不大时，通常采取清除软土的换土垫层法处理，一般采用级配砂石垫层，压实系数不小于 0.94；当厚度较大时，一般采用现场钻孔灌注桩混凝土或砌块石支撑墙（或支墩）至基岩进行局部地基处理

三、砖、石基础施工技术

砖、石基础属于刚性基础范畴。这种基础的特点是抗压性能好，整体性、抗拉、抗弯、抗剪性能较差，材料易得，施工操作简便，造价较低。适用于地基坚实、均匀，上部荷载较小，7 层和 7 层以下的一般民用建筑和墙承重的轻型厂房基础工程。

（一）施工准备工作要点

（1）砖应提前 1 ～ 2d 浇水湿润。

（2）在砖砌体转角处、交接处应设置皮数杆，皮数杆间距不应大于 15m，在相对两皮数杆上砖上边线处拉准线。

（3）根据皮数杆最下面一层砖或毛石的标高，拉线检查基础垫层表面标高是否合适，如第一层砖的水平灰缝大于 20mm，毛石大于 30mm 时，应用细石混凝土找平，不得用砂浆或在砂浆中掺细砖或碎石处理。

（二）砖基础施工技术要求

（1）砖基础的下部为大放脚、上部为基础墙。

（2）大放脚有等高式和间隔式。等高式大放脚是每砌两皮砖，两边各收进1/4砖长；间隔式大放脚是每砌两皮砖及一皮砖，轮流两边各收进1/4砖长，最下面应为两皮砖。

（3）砖基础大放脚一般采用一顺一丁砌筑形式，即一皮顺砖与一皮丁砖相间，上下皮垂直灰缝相互错开60mm。

（4）砖基础的转角处、交接处，为错缝需要应加砌配砖（3/4砖、半砖或1/4砖）。

（5）砖基础的水平灰缝厚度和垂直灰缝宽度宜为10mm。水平灰缝的砂浆饱满度不得小于80%，竖向灰缝饱满度不得低于9%。

（6）砖基础底标高不同时，应从低处砌起，并应由高处向低处搭砌。当设计无要求时，搭砌长度不应小于砖基础大放脚的高度。

（7）砖基础的转角处和交接处应同时砌筑，当不能同时砌筑时，应留置斜槎。

（8）基础墙的防潮层，当设计无具体要求时，宜用1 ： 2水泥砂浆加适量防水剂铺设，其厚度宜为20mm。防潮层位置宜在室内地面标高以下一皮砖处。

（三）石基础施工技术要求

根据石材加工后的外形规则程度，石基础分为毛石基础、料石（毛料石、粗料石、细料石）基础。

（1）毛石基础截面形状有矩形、阶梯形、梯形等。基础上部宽一般比墙厚20cm以上。

（2）砌筑时应双挂线，分层砌筑，每层高度为30 ~ 40cm，大体砌平。

（3）灰缝要饱满密实，厚度一般控制在30 ~ 40mm，石块上下皮竖缝必须错开（不少于10cm，角石不少于15cm），做到丁顺交错排列。

（4）墙基需留槎时，不得留在外墙转角或纵墙与横墙的交接处，应离开1.0 ~ 1.5m的距离。接槎应做成阶梯式，不得留直槎或斜槎。沉降缝应分成两段砌筑，不得搭接。

四、混凝土基础与桩基础施工技术

（一）混凝土基础施工技术

混凝土基础的主要形式有单独基础、条形基础、筏形基础和箱形基础等。混凝土基础工程中，分项工程主要有钢筋、模板、混凝土、后浇带混凝土和混凝土结构缝处理。

1. 单独基础浇筑

台阶式基础施工，可按台阶分层一次浇筑完毕，不允许留设施工缝。每层混凝土要一次灌足，顺序是先边角后中间，务使混凝土充满模板。

2. 条形基础浇筑

根据基础深度宜分段分层连续浇筑混凝土，一般不留施工缝。各段层间应相互衔接，每段间浇筑长度控制在 2000 ~ 3000mm，做到逐段逐层呈阶梯形向前推进。

3. 设备基础浇筑

一般应分层浇筑，并保证上下层之间不留施工缝，每层混凝土的厚度为 200 ~ 300mm。每层浇筑顺序应从低处开始，沿长边方向自一端向另一端浇筑，也可采取中间向两端或两端向中间浇筑的顺序。

4. 基础底板大体积混凝土工程

基础底板大体积混凝土工程主要包括大体积混凝土的浇筑、振捣、养护和裂缝的控制，其施工技术见表 3–3。

表 3–3　基础底板大体积混凝土工程的施工技术

环节	施工技术
浇筑	①大体积混凝土浇筑时，为保证结构的整体性和施工的连续性，采用分层浇筑时，应保证在下层混凝土初凝前将上层混凝土浇筑完毕；②浇筑方案根据整体性要求、结构大小、钢筋疏密及混凝土供应等情况，可以选择全面分层、分段分层、斜面分层等方式

续表

环节	施工技术
振捣	①混凝土应采取振捣棒振捣；②在振动初凝以前对混凝土进行二次振捣，排除混凝土因泌水在粗骨料、水平钢筋下部生成的水分和空隙，提高混凝土与钢筋的握裹力，防止因混凝土沉落出现裂缝，增加混凝土密实度，使混凝土抗压强度提高，从而提高抗裂性
养护	①养护方法分为保温法和保湿法两种；②大体积混凝土浇筑完毕后，应在 12h 内加以覆盖和浇水。采用普通硅酸盐水泥拌制的混凝土养护时间不得少于 14d；采用矿渣水泥、火山灰水泥等拌制的混凝土养护时间由其性能确定，同时应满足施工方案要求
裂缝的控制	①优先选用低水化热的矿渣水泥拌制混凝土，并适当使用缓凝减水剂；②在保证混凝土设计强度等级前提下，适当降低水胶比，减少水泥用量；③降低混凝土的入模温度，控制混凝土内外的温差（当设计无要求时，控制在 25℃以内），如降低拌和水温度（在拌和水中加冰屑或用地下水）；骨料用水冲洗降温，避免暴晒；④及时对混凝土覆盖保温、保湿材料；⑤可在基础内预埋冷却水管，通入循环水，强制降低混凝土水化热产生的温度；⑥在拌和混凝土时，还可掺入适量的微膨胀剂或膨胀水泥，使混凝土得到补偿收缩，减少混凝土的收缩变形；⑦设置后浇缝，当大体积混凝土平面尺寸过大时，可以适当设置后浇缝，以减小外应力和温度应力。同时，也有利于散热，降低混凝土的内部温度；⑧大体积混凝土可采用二次抹面工艺，减少表面收缩裂缝

（二）混凝土预制桩、灌注桩的技术

1. 钢筋混凝土预制桩施工技术

钢筋混凝土预制桩打（沉）桩施工方法通常有锤击沉桩法、静力压桩法及振动法等，以锤击沉桩法和静力压桩法应用最为普遍。

2. 钢筋混凝土灌注桩施工技术

钢筋混凝土灌注桩按其成孔方法不同，可分为钻孔灌注桩、沉管灌注桩和人工挖孔灌注桩等。

五、人工降排地下水施工技术

基坑开挖深度浅，基坑涌水量不大时，可边开挖边用排水沟和集水井进行集水明排，在软土地区基坑开挖深度超过 3m 时，一般采用井点降水。

（一）明沟、集水井排水

（1）明沟、集水井排水指在基坑的两侧或四周设置排水明沟，在基坑四角或每隔 30 ~ 40m 设置集水井，使基坑渗出的地下水通过排水明沟汇集于集水井内，然后用水泵将其排出基坑外。

（2）排水明沟宜布置在拟建建筑基础边 0.4m 以外，沟边缘离开边坡坡脚应不小于 0.3m。排水明沟的底面应比挖土面低 0.3 ~ 0.4m。集水井底面应比沟底面低 0.5m 以上，并随基坑的挖深而加深，以保持水流畅通。

（二）降水

降水即在基坑土方开挖之前，用真空（轻型）井点、喷射井点或管井深入含水层内不断抽水使地下水位下降至坑底以下，同时使土体产生固结以方便土方开挖。

（1）基坑降水应编制降水施工方案，其主要内容为：井点降水方法；井点管长度、构造和数量；降水设备的型号和数量井点系统布置图，井孔施工方法及设备；质量和安全技术措施；降水对周围环境影响的估计及预防措施等。

（2）降水设备的管道、部件和附件等，在组装前必须经过检查和清洗。滤管在运输、装卸和堆放时，应防止损坏滤网。

（3）井孔应垂直，孔径上下一致。井点管应居于井孔中心，滤管不得紧靠井孔壁或插入淤泥中。

（4）井点管安装完毕后应进行试运转，全面检查管路接头、出水状况和机械运转情况。一般开始时出水混浊，一定时间后出水逐渐变清，对长期出水混浊的井点应予以停闭或更换。

（5）降水系统运转过程中应随时检查观测孔中的水位。

（6）基坑内明排水应设置排水沟及集水井，排水沟纵坡宜控制在 1% ~ 2%。

（7）降水施工完毕，根据结构施工情况和土方回填进度，陆续关闭和逐根拔出井点管。土中所留孔洞应立即用砂土填实。

（8）基坑坑底进行压密注浆加固时，要待注浆初凝后再进行降水施工。

（三）防止或减少降水影响周围环境的技术措施

（1）采用回灌技术。采用回灌井点时，回灌井点与降水井点的距离不宜小于 6m。

（2）采用砂沟、砂井回灌。回灌砂井的灌砂量，应取井孔体积的 95%，填料宜采用含泥量不大于 3%、不均匀系数在 3 ~ 5 的纯净中粗砂。

（3）减缓降水速度。

六、岩土工程与基坑监测技术

（一）岩土工程

（1）建筑地基的岩土可分为岩石、碎石土、砂土、粉土、黏性土和人工填土。人工填土根据其组成和成因又可分为素填土、压实填土、杂填土、冲填土。

（2）《建筑基坑支护技术规程》规定，基坑支护结构可分为三个安全等级（见表 3–4），不同等级采用对应的重要性系数。对于同一基坑的不同部位，可采用不同的安全等级。

表 3–4　基坑支护结构等级及重要性系数

安全等级	破坏后果	重要性系数
一级	支护结构破坏、土体失稳或过大变形对基坑周围环境及地下结构施工影响很严重	1.10
二级	支护结构破坏、土体失稳或过大变形对基坑周边环境及地下结构施工影响严重	1.00
三级	支护结构破坏、土体失稳或过大变形对基坑周边环境及地下结构施工影响不严重	0.90

符合下列情况之一的，为一级基坑。

①重要工程或支护结构做主体结构的一部分；

②开挖深度大于 10m；

③与邻近建筑物、重要设施的距离在开挖深度以内的基坑；

④基坑范围内有历史文物、近代优秀建筑、重要管线等需严加保护的基坑。

三级基坑为开挖深度小于 7m，且周围环境无特别要求的。一级和三级之外的基坑属二级基坑。

（二）基坑监测

（1）安全等级为一、二级的支护结构，在基坑开挖过程与支护结构使用期内，必须进行支护结构的水平位移监测和基坑开挖影响范围内建（构）筑物及地面的沉降监测。

（2）基坑工程施工前，应由建设方委托具备相应资质的第三方对基坑工程实施现场检测。监测单位应编制监测方案，经建设方、设计方、监理方等认可后方可实施。

（3）基坑围护墙或基坑边坡顶部的水平和竖向位移监测点应沿基坑周边布置，周边中部、阳角处应布置监测点。监测点水平间距为 15 ~ 20m，每边监测点数不宜少于 3 个。监测点宜设置在围护墙或基坑坡顶上。

（4）监测项目初始值应在相关施工工序之前测定，并取至少连续观测 3 次的稳定值的平均值。

（5）基坑工程监测报警值应由监测项目的累计变化量和变化速率值共同控制。当监测数据达到监测报警值时，必须立即通报建设方及相关单位。

（6）基坑内采用深井降水时水位监测点宜布置在基坑中央和两相邻降水井的中间部位；采用轻型井点、喷射井点降水时，水位监测点宜布置在基坑中央和周边拐角处。监测点间距宜为 20 ~ 50m。

（7）地下水位量测精度不宜低于 10mm。

（8）基坑监测项目的监测频率应由基坑类别、基坑及地下工程的不同施工阶段以及周边环境、自然条件的变化和当地经验确定。当出现以下情况之一时，应提高监测频率。

①监测数据达到报警值；

②监测数据变化较大或者速率加快；

③存在勘查未发现的不良地质；

④超深、超长开挖或未及时加撑等违反设计工况施工；

⑤基坑附近地面荷载突然增大或超过设计限值；

⑥周边地面突发较大沉降、不均匀沉降或出现严重开裂；

⑦支护结构出现开裂；

⑧邻近建筑突发较大沉降、不均匀沉降或出现严重开裂；

⑨基坑及周边大量积水、长时间连续降雨、市政管道出现泄漏；

⑩基坑底部、侧壁出现管涌、渗漏或流沙等现象；

⑪基坑发生事故后重新组织施工。

第三节　主体结构工程施工技术

一、钢筋混凝土结构施工技术

（一）模板工程

模板工程主要包括模板和支架两部分。

1. 常见模板体系及其特性

常见模板体系主要有木模板体系、组合钢模板体系、钢框木（竹）胶合板模板体系、大模板体系、散支散拆胶合板模板体系和早拆模板体系（见表 3–5）。

表 3–5　常见模板体系及其特点

模板体系	特点
木模板体系	优点是制作、拼装灵活，较适用于外形复杂或异形混凝土构件，以及冬期施工的混凝土工程；缺点是制作量大，木材资源浪费大等
组合钢模板体系	优点是轻便灵活、拆装方便、通用性强、周转率高等；缺点是接缝多且严密性差，导致混凝土成型后外观质量差
钢框木（竹）胶合板模板体系	与组合钢模板相比，其特点为自重轻、面积大、模板拼缝少、维修方便等
大模板体系	由板面结构、支撑系统、操作平台和附件等组成。其特点是以建筑物的开间、进深和层高为大模板尺寸；其优点是模板整体性好、抗震性强、无拼缝等；缺点是模板重量大，移动安装需起重机械吊运
散支散拆胶合板模板体系	优点是自重轻、板幅大、板面平整、施工安装方便简单等
早拆模板体系	优点是部分模板可早拆，加快周转，节约成本

除上述模板体系外，还有滑升模板、爬升模板、飞模、模壳模板、胎模及永久性压型钢板模板和各种配筋的混凝土薄板模板等。

2．模板工程设计的主要原则

模板工程设计的主要原则是实用性、安全性和经济性。

（1）实用性原则

实用性是模板工程设计的首要原则，主要体现在以下几个方面。

① 满足施工需求：模板工程设计应充分考虑施工需求，包括结构形式、尺寸精度、安装和拆卸方便性等。设计过程中，要结合具体的施工工艺和方法，确保模板工程能够满足施工过程中的各项要求。

② 适应性强：模板工程设计应具有较强的适应性，能够适应不同工程环境和施工条件的变化。这要求设计师在设计过程中充分考虑现场实际情况，灵活调整设计方案，以满足不同工程的需求。

③ 便于维护和管理：模板工程在使用过程中，难免会出现磨损和损坏。因此，设计时应考虑便于维护和管理的因素，如采用易于更换的部件、设置检修口等，以方便后续维护和管理。

（2）安全性原则

安全性是模板工程设计的核心原则，贯穿于整个设计过程。具体表现为以下几个方面。

① 结构稳定：模板工程的结构设计应确保稳定可靠，能够承受施工过程中的各种荷载。这要求设计师在设计过程中充分考虑结构力学原理，合理布置构件，确保结构的安全稳定。

② 材料选用：模板工程所使用的材料应符合相关标准和规范要求，具有良好的强度和耐久性。在选择材料时，要考虑其抗腐蚀性、耐磨性等因素，以提高模板工程的使用寿命。

③ 安全防护措施：在模板工程设计中，应充分考虑安全防护措施的设置。例如，在模板边缘设置防护栏杆、在模板内部设置安全网等，以有效防止施工过程中发生意外伤害。

（3）经济性原则

经济性是模板工程设计的重要原则之一，主要体现在以下几个方面。

① 成本控制：在模板工程设计过程中，应充分考虑成本控制，合理选择材料和工艺，降低工程成本。同时，要避免不必要的浪费和重复投资，提高经济效益。

② 优化设计方案：在遵循安全性和实用性的基础上，应尽量优化设计方案，减少不必要的构件和工序，提高施工效率。这有助于降低施工成本，缩短工期，提高项目的整体效益。

③ 循环利用和可持续发展：在设计模板工程时，应考虑其循环利用和可持续发展的潜力。例如，采用可拆卸、可重复使用的模板结构，减少资源浪费和环境污染。同时，还可以考虑采用环保材料和技术，提高模板工程的环保性能。

3. 模板及支架设计的主要内容

（1）模板及支架的选型及构造设计

① 模板选型：模板的选型应根据工程结构特点、施工条件、工期要求及经济效益等因素综合考虑。常用的模板类型有木模板、钢模板、铝合金模板和组合模板等。木模板成本较低，但易受潮变形；钢模板和铝合金模板强度高、重复使用率高，但成本较高；组合模板则可根据需要进行拼装，灵活性较高。

② 支架选型：支架的选型同样需要考虑工程结构、施工条件及安全性等因素。常见的支架类型有扣件式脚手架、碗扣式脚手架、盘扣式脚手架和附着式升降脚手架等。扣件式脚手架适用于各种施工条件，但安装和拆卸较为烦琐；碗扣式脚手架和盘扣式脚手架安装速度快，承载能力高；附着式升降脚手架则适用于高层建筑的施工。

③ 构造设计：在模板及支架的构造设计中，应确保结构稳定、安全可靠，并方便施工操作。模板应具有足够的刚度和强度，以承受混凝土浇筑过程中的压力；支架应设计合理的支撑体系，确保模板的稳定性和安全性。同时，应考虑模板及支架的拆卸和重复使用，提高经济效益。

（2）模板及支架上的荷载及其效应计算

① 荷载分析：模板及支架上的荷载主要包括混凝土自重、施工荷载、风荷

载及温度变化等。在荷载分析时，应根据工程实际情况，合理确定各种荷载的取值和分布。

② 效应计算：根据荷载分析的结果，对模板及支架进行效应计算。主要包括内力计算（如弯矩、剪力等）和变形计算（如挠度、位移等）。通过效应计算，可以评估模板及支架的承载能力和稳定性。

（3）模板及支架的承载力、刚度和稳定性验算

① 承载力验算：主要是检查模板及支架的承载能力是否满足施工要求。根据效应计算的结果，结合模板及支架的材料性能和截面尺寸，进行承载力验算。对于不满足要求的部位，应采取措施进行加固或优化设计。

② 刚度验算：主要是评估模板及支架在承受荷载作用下的变形程度。通过刚度验算，可以确保模板及支架在使用过程中不发生过大的变形，从而保证施工质量和安全。

③ 稳定性验算：是使模板及支架在施工过程中保持整体稳定的关键环节。通过稳定性验算，可以评估模板及支架在承受荷载作用下的整体稳定性，防止发生倾覆或坍塌等安全事故。

（4）绘制模板及支架施工图

① 图纸内容：模板及支架的施工图应包括模板及支架的平面布置图、立面图、剖面图及细部构造图等。图纸应详细标注各构件的尺寸、位置及连接方式等信息，以便施工人员按照图纸进行施工。

② 绘制要求：绘制施工图时，应遵循制图规范和标准，确保图纸的准确性和清晰度。同时，应考虑施工现场的实际情况，合理安排构件的布置和连接方式，提高施工效率和质量。

③ 图纸审核与修改：绘制完成后，应对施工图纸进行认真审核，确保图纸的完整性和正确性。对于发现的问题或不足之处，应及时进行修改和完善，确保施工图纸能够满足施工需要。

通过以上步骤，可以完成模板及支架的设计工作。在实际施工过程中，还应根据现场实际情况进行必要的调整和优化，以确保施工质量和安全。

4．模板工程安装要点

（1）对跨度不小于4m的现浇钢筋混凝土梁、板，其模板应按设计要求起拱；当设计无具体要求时，起拱高度应为跨度的1/1000 ~ 3/1000。

（2）用扣件式钢管做高大模板支架的立杆时，支架搭设应完整。立杆上应每步设置一个双向水平杆，水平杆应与立杆扣接；立杆底部应设置垫板。

（3）安装现浇结构的上层模板及其支架时，下层楼板应具有承受上层荷载的承载能力，或加设支架；上、下层支架的立柱应对准，并铺设垫板；模板及支架杆件等应分散堆放。

（4）模板的接缝不应漏浆；在浇筑混凝土前，木模板应浇水润湿，但模板内不应有积水。

（5）模板与混凝土的接触面应清理干净并涂刷隔离剂，不得采用影响结构性能或妨碍装饰工程的隔离剂；脱模剂不得污染钢筋和混凝土接槎处。

（6）模板安装应与钢筋安装配合进行，梁柱节点的模板宜在钢筋安装后安装。

（7）后浇带的模板及支架应独立设置。

5．模板的拆除

（1）模板拆除时，顺序和方法应按模板的设计规定进行。当设计无规定时，可按照先支的后拆、后支的先拆，先拆非承重模板、后拆承重模板的顺序，并应从上而下进行拆除。

（2）当混凝土强度达到设计要求时，方可拆除底模及支架；当设计无具体要求时，同条件养护试件的混凝土抗压强度应符合表3–6的规定。

表3–6　底模拆除时的混凝土强度要求

构件类型	构件跨度 /m	达到设计的混凝土立方体抗压强度标准值的百分率 /%
板	≤ 2	≥ 50
	＞2，≤ 8	≥ 75
	＞8	≥ 100
梁、拱、壳	≤ 8	≥ 75
	＞8	≥ 100
悬臂结构		≥ 100

（3）当混凝土强度能保证其表面及棱角不受损害时，方可拆除侧模。

（4）快拆支架体系的支架立杆间距不应大于 2m。拆模时应保留立杆并顶托支承楼板，拆模时的混凝土强度取构件跨度 2m，并按表 3–6 的规定确定。

（二）钢筋工程

1．原材料进场检验

钢筋进场时，应按规范要求检查产品合格证、出厂检验报告，并按现行国家标准抽取试件做力学性能检验，合格后方准使用。

2．钢筋配料

为使钢筋满足设计要求的形状和尺寸，需要对钢筋进行弯折，而弯折后钢筋各段的长度总和并不等于其在直线状态下的长度，所以要计算钢筋剪切下料长度。各种钢筋下料长度计算方法如下。

（1）真钢筋下料长度 = 构件长度 – 保护层厚度 + 弯钩增加长度；

（2）弯起钢筋下料长度 = 直段长度 + 斜段长度 – 弯曲调整值 + 弯钩增加长度；

（3）箍筋下料长度 = 箍筋周长 + 箍筋调整值。

上述钢筋如需要搭接，还要增加钢筋搭接长度。

3．钢筋代换

钢筋代换时，应征得设计单位的同意并办理设计变更文件。代换后钢筋的间距锚固长度、最小钢筋直径、数量等构造要求和受力、变形情况，均应符合相应规范要求。

4．钢筋连接

钢筋连接常用的方法有焊接、机械连接和绑扎连接三种（见表 3–7）。钢筋接头位置宜设置在受力较小处。同一纵向受力钢筋不宜设置两个或两个以上接头。接头末端至钢筋弯起点的距离不应小于钢筋直径的 10 倍。

表 3–7　钢筋连接的方法

连接方法	相关要求
焊接	常用的焊接方法有电阻点焊、闪光对焊、电弧焊、电渣压力焊、气压焊、埋弧压力焊等。直接承受动力荷载的结构构件中，纵向钢筋不宜采用焊接接头

续表

连接方法	相关要求
机械连接	有钢筋套筒挤压连接、钢筋直螺纹套筒连接等方法。目前最常见、采用最多的方式是钢筋剥肋滚压直螺纹套筒连接，通常适用的钢筋级别为 HRB35、HRB400、RRB40，适用的钢筋直径范围为 16 ～ 50mm
绑扎连接（或搭接）	钢筋搭接长度应符合规范要求。当受拉钢筋直径大于 25mm、受压钢筋直径大于 28mm 时，不宜采用绑扎搭接接头。轴心受拉及小偏心受拉杆件（如桁架和拱架的拉杆）的纵向受力钢筋不得采用绑扎搭接接头

5．钢筋加工

（1）钢筋加工包括调直、除锈、下料切断、接长、弯曲成型等。

（2）钢筋宜采用无延伸功能的机械设备进行调直，也可采用冷拉调直。当采用冷拉调直时，HPB300 光圆钢筋的冷拉率不宜大于 4%，HRB335、HRB400、HRB500、HRBF33、HRBF400、HRBF00 及 RB400 带肋钢筋的冷拉率不宜大于 1%。

（3）钢筋除锈：一是在钢筋冷拉或调直过程中除锈；二是可采用机械除锈机除锈、喷砂除锈、酸洗除锈和手工除锈等。

（4）钢筋下料切断可采用钢筋切断机或手动液压切断器。钢筋的切断口不得有马蹄形或起弯等现象。

6．钢筋安装

（1）柱钢筋绑扎

① 柱钢筋的绑扎应在柱模板安装前进行。

② 纵向受力钢筋有接头时，设置在同一构件内的接头宜相互错开。

③ 每层柱第一个钢筋接头位置距楼地面高度不宜小于 500mm、柱高的 1/6 及柱截面长边（或直径）的较大值。

④框架梁、牛腿及柱帽等钢筋，应放在柱子纵向钢筋的内侧。如设计无特殊要求，当柱中纵向受力钢筋直径大于 25mm 时，应在搭接接头两个端面外 100mm 范围内各设两个箍筋，其间距宜为 50mm。

（2）墙钢筋绑扎

① 墙钢筋绑扎应在墙模板安装前进行。

② 墙的垂直钢筋每段长度不宜超过 4m（钢筋直径不大于 12mm）或 6m（钢

筋直径大于 12mm）或层高加搭接长度，水平钢筋每段长度不宜超过 8m，以利绑扎。钢筋的弯钩应朝向混凝土内。

③ 采用双层钢筋网时，在两层钢筋间应设置撑铁或绑扎架，以固定钢筋间距。

（3）梁、板钢筋绑扎

① 连续梁、板的上部钢筋接头位置宜设置在跨中 1/3 跨度范围内，下部钢筋接头位置宜设置在梁端 1/3 跨度范围内。

② 板上部的负筋要防止被踩下，特别是雨篷、挑檐、阳台等悬臂板，要严格控制负筋位置，以免拆模后断裂。

③ 板、次梁与主梁交叉处，板的钢筋在上，次梁的钢筋居中，主梁的钢筋在下；当有圈梁或垫梁时，主梁的钢筋在上。

④ 框架节点处钢筋穿插十分稠密时，应特别注意梁顶面主筋间的净距要有 30mm，以利于浇筑混凝土。

（4）细部构造处理

① 梁、柱的箍筋弯钩及焊接封闭箍筋的对焊点应沿纵向受力钢筋方向错开设置。构件同一表面，焊接封闭箍筋的对焊接头面积百分率不宜超过 50%。

② 填充墙构造柱纵向钢筋宜与框架梁钢筋共同绑扎。

③ 当设计无要求时，应优先保证主要受力构件和构件中主要受力方向的钢筋位置。框架节点处梁纵向受力钢筋宜置于柱纵向钢筋内侧；次梁钢筋宜放在主梁钢筋内侧；剪力墙中水平分布钢筋宜放在外部，并在墙边弯折锚固。

④ 采用复合箍筋时，箍筋外围应封闭。

（三）混凝土工程

1. 混凝土用原材料

（1）水泥品种与强度等级应根据设计、施工要求以及工程所处环境条件确定；普通混凝土结构宜选用通用硅酸盐水泥；有特殊需要时，也可选用其他品种水泥；对于有抗渗抗冻融要求的混凝土，宜选用硅酸盐水泥或普通硅酸盐水泥；处于潮湿环境的混凝土结构，当使用碱活性骨料时，宜采用低碱水泥。

（2）粗骨料宜选用粒形良好、质地坚硬的洁净碎石或卵石。粗骨料最大粒径不应超过构件截面最小尺寸的 1/4，且不应超过钢筋最小净间距的 3/4；对于实心混凝土板，粗骨料的最大粒径不宜超过板厚的 1/3，且不应超过 40mm。

（3）细骨料宜选用级配良好、质地坚硬、颗粒洁净的天然砂或机制砂，如Ⅱ区中砂。

（4）对于有抗渗、抗冻融或其他特殊要求的混凝土，宜选用连续级配的粗骨料，最大粒径不宜大于 40mm。

（5）未经处理的海水严禁用于钢筋混凝土和预应力混凝土拌制和养护。

（6）应检验混凝土外加剂与水泥的适应性，符合要求方可使用。不同品种外加剂复合使用时，应注意其相容性及对混凝土性能的影响，应进行试验，满足要求方可使用。严禁使用对人体产生危害、对环境产生污染的外加剂。含有尿素、氨类等有刺激性气味成分的外加剂，不得用于房屋建筑工程中。

2．混凝土配合比

（1）混凝土配合比应根据原材料性能及对混凝土的技术要求（强度等级、耐久性和工作性等），由具有资质的试验室进行计算，并试配、调整后确定。

（2）混凝土配合比应采用重量比，且每盘混凝土试配量不应小于 20L。

（3）对采用搅拌运输车运输的混凝土，如果运输时间较长，试配时应控制混凝土坍落度经时损失值。

（4）试配掺外加剂的混凝土时，应采用工程使用的原材料，检测项目应根据设计及施工要求确定，检测条件应与施工条件相同。当工程所用原材料或混凝土性能要求发生变化时，应再进行试配试验。

3．混凝土的搅拌与运输

（1）混凝土搅拌应严格掌握混凝土配合比，当掺有外加剂时，搅拌时间应适当延长。

（2）混凝土在运输中不应发生分层、离析现象，否则应在浇筑前二次搅拌。

（3）尽量减少混凝土的运输时间和转运次数，确保混凝土在初凝前运至现场并浇筑完毕。

（4）采用搅拌运输车运送混凝土，运输途中及等候卸料时，不得停转；卸料前，宜快速旋转搅拌 20s 以上再卸料。当坍落度损失较大不能满足施工要求时，可在车罐内加入适量的与原配合比相同成分的减水剂。减水剂加入量应事先由试验确定，并记录下来。

4. 泵送混凝土

（1）泵送混凝土具有输送能力大、效率高、连续作业、节省人力等优点。

（2）泵送混凝土配合比设计：

①泵送混凝土的入泵坍落度不宜低于 100mm；

②用水量与胶凝材料总量之比不宜大于 0.6；

③泵送混凝土的胶凝材料总量不宜小于 300kg/m^3；

④泵送混凝土宜掺用适量粉煤灰或其他活性矿物，掺粉煤灰的泵送混凝土配合比设计，必须经过试配确定，并应符合相关规范要求；

⑤泵送混凝土掺加的外加剂品种和掺量应由试验确定，不得随意使用，当掺用引气型外加剂时，其含气量不宜大于 4%。

（3）泵送混凝土搅拌时，应按规定顺序进行投料，并且粉煤灰宜与水泥同步，外加剂的添加宜滞后于水和水泥。

（4）混凝土泵或泵车应尽可能靠近浇筑地点，浇筑时由远至近进行。混凝土供应要保证泵能连续工作。

5. 混凝土浇筑

（1）浇筑混凝土前，应清除模板内或垫层上的杂物。表面干燥的地基、垫层、模板上应洒水湿润；现场环境温度高于 35℃时宜对金属模板进行洒水降温；洒水后不得留有积水。

（2）混凝土输送宜采用泵送方式。混凝土粗骨料最大粒径不大于 25mm 时，可采用内径不小于 125mm 的输送泵管；混凝土粗骨料最大粒径不大于 40mm 时，可采用内径不小于 150mm 的输送泵管。

（3）在浇筑竖向结构混凝土前，应先在底部填充不大于 30mm 厚与混凝土中水泥、砂配比成分相同的水泥砂浆；浇筑过程中混凝土不得发生离析现象。

（4）柱、墙模板内的混凝土浇筑时，当无可靠措施保证混凝土不产生离析时，其自由倾落高度应符合如下规定：①粗骨料粒径大于 25mm 时，不宜超过 3m；

②粗骨料粒径不大于25mm时，不宜超过6m。当不能满足时，应加设串筒、溜管、溜槽等装置。

（5）浇筑混凝土应连续进行。必须间歇时，间歇时间应尽量短，并应在前层混凝土初凝之前，将次层混凝土浇筑完毕，否则应留置施工缝。

（6）混凝土宜分层浇筑，分层振捣。当采用插入式振捣器振捣普通混凝土时，应快插慢拔，振捣器插入下层混凝土内的深度应不小于50mm。

（7）梁和板宜同时浇筑混凝土，有主次梁的楼板宜顺着次梁方向浇筑，单向板宜沿着板的长边方向浇筑；拱和高度大于1m的梁等结构，可单独浇筑混凝土。

6. 施工缝

（1）施工缝的位置应在混凝土浇筑之前确定，并留设在结构受剪力较小且便于施工的部位。施工缝的留置位置应符合下列规定。

①柱、墙水平施工缝可留设在基础、楼层结构顶面，柱施工缝与结构上表面的距离宜为0 ~ 100mm，墙施工缝与结构上表面的距离宜为0 ~ 300mm。

②柱、墙水平施工缝也可留设在楼层结构底面，施工缝与结构下表面的距离宜为0 ~ 50mm；当板下有梁托时，可留设在梁托下0 ~ 20mm。

③高度较大的柱、墙梁以及厚度较大的基础可根据施工需要在其中部留设水平施工缝；必要时，可对配筋进行调整，并应征得设计单位认可。

④有主次梁的楼板垂直施工缝应留设在次梁跨度中间的1/3范围内。

⑤单向板施工缝应留设在平行于板短边的任何位置。

⑥楼梯段施工缝宜设在梯段板跨度端部的1/3范围内。

⑦墙的垂直施工缝宜设在门洞口过梁跨中1/3范围内，也可留设在纵横交接处。

⑧在特殊结构部位留设水平或垂直施工缝应征得设计单位同意。

（2）在施工缝处继续浇筑混凝土时，应符合下列规定。

①已浇筑的混凝土，其抗压强度不应小于1.2N/mm^2；

②在已硬化的混凝土表面上，应清除水泥薄膜和松动石子以及软弱混凝土层，并充分湿润和冲洗干净，且不得积水；

③在浇筑混凝土前，宜先在施工缝处铺一层水泥浆（可掺适量界面剂）或与混凝土内成分相同的水泥砂浆；

④混凝土应细致捣实，使新旧混凝土紧密结合。

7．后浇带的设置和处理

（1）后浇带通常根据设计要求留设，并保留一段时间（若设计无要求，则至少保留 14d 并经设计确认）后再浇筑，将结构连成整体。

（2）后浇带应采取钢筋防锈或阻锈等保护措施。

（3）填充后浇带，可采用微膨胀混凝土，强度等级比原结构强度提高二级，并保持至少 14d 的湿润养护。后浇带接缝处按施工缝的要求处理。

8．混凝土的养护

（1）混凝土浇筑后应及时进行保湿养护，保湿养护可采用洒水、覆盖、喷涂养护剂等方式。选择养护方式应考虑现场条件、环境温湿度、构件特点、技术要求、施工操作等因素。

（2）对已浇筑完毕的混凝土，应在混凝土终凝前（通常为混凝土浇筑完毕后 8 ~ 12h 内）进行自然养护。

（3）混凝土的养护时间，应符合下列规定。

①采用硅酸盐水泥、普通硅酸盐水泥或矿渣硅酸盐水泥配制的混凝土，不应少于 7d，采用其他晶种水泥时，养护时间应根据水泥性能确定；

②采用缓凝型外加剂、大掺量矿物掺合料配制的混凝土，不应少于 14d；

③抗渗混凝土、强度等级 C60 及以上的混凝土，不应少于 14d；

④后浇带混凝土的养护时间不应少于 14d；

⑤地下室底层墙、柱和上部结构首层墙、柱宜适当增加养护时间。

9．大体积混凝土施工

（1）大体积混凝土施工应编制施工组织设计或施工技术方案。大体积混凝土工程施工前，宜对施工阶段大体积混凝土浇筑体的温度、温度应力及收缩应力进行试算，并确定升温峰值、里表温差及降温速率的控制指标，制定相应的温控技术措施。

（2）温控指标宜符合下列规定：①混凝土浇筑体在入模温度基础上的温升

值不宜大于 50℃；②混凝土浇筑块体的里表温差（不含混凝土收缩的当量温度）不宜大于 25℃；③混凝土浇筑体的降温速率不宜大于 2.0℃ /d；④混凝土浇筑体表面与大气温差不宜大于 20℃。

（3）配制大体积混凝土所用水泥应选用中、低热硅酸盐水泥或低热矿渣硅酸盐水泥，大体积混凝土施工所用水泥其 3d 的水化热不宜大于 240kJ/kg，7d 的水化热不宜大于 270kJ/kg。细骨料宜采用中砂，粗骨料宜选用粒径 5 ~ 31.5mm，并连续级配；当采用非泵送施工时，粗骨料的粒径可适当增大。

（4）大体积混凝土采 60d 或 90d 强度作为指标时，应将其作为混凝土配合比的设计依据。所配制的混凝土拌和物，到浇筑工作面的坍落度不宜低于 160mm。拌和水用量不宜大于 175kg/m³；水胶比不宜大于 0.50，砂率宜为 35% ~ 42%；拌和物泌水量宜小于 10L/m³ 。

（5）当运输过程中出现离析或使用外加剂进行调整时，搅拌运输车应进行快速搅拌，搅拌时间应不小于 120s；运输过程中严禁向拌和物中加水。运输过程中，坍落度损失或离析严重，经补充外加剂或快速搅拌已无法恢复其工艺性能时，不得浇筑入模。

（6）大体积混凝土工程的施工宜采用整体分层连续浇筑施工或推移式连续浇筑施工，层间最长的间歇时间不应大于混凝土的初凝时间。混凝土浇筑宜从低处开始，沿长边方向自一端向另一端进行。当混凝土供应量有保证时，亦可多点同时浇筑。混凝土宜采用二次振捣工艺。整体连续浇筑时每层浇筑厚度宜为 300 ~ 500mm。

（7）超长大体积混凝土施工，应选用下列方法控制结构不出现有害裂缝。

①留置变形缝；

②后浇带施工；

③跳仓法施工（跳仓间隔施工的时间不宜小于 7d）。

（8）大体积混凝土浇筑面应及时进行二次抹压处理。

（9）大体积混凝土应进行保温保湿养护，在每次混凝土浇筑完毕后，除应按普通混凝土进行常规养护外，还应及时按温控技术措施的要求进行保温养护。保湿养护的持续时间不得少于 14d，保持混凝土表面湿润。保温覆盖层的拆除应分层逐步进行，当混凝土的表面温度与环境最大温差小于 20℃时，可全部拆除。

在混凝土浇筑完毕初凝前，宜立即进行喷雾养护工作。

（10）大体积混凝土浇筑体里表温差、降温速率、环境温度及温度应变的测试，在混凝土浇筑后1～4天，每4h不得少于1次；5～7天，每8h不得少于1次；7天后，每12h不得少于1次，直至测温结束。

二、砌体结构工程施工技术

（一）砌体结构的特点

砌体结构是以块材和砂浆砌筑而成的墙、柱作为建筑物主要受力构件的结构，是砖砌体、砌块砌体和石砌体结构的统称。砌体结构具有如下特点：

（1）容易就地取材，比使用水泥、钢筋和木材造价低；

（2）具有较好的耐久性、良好的耐火性；

（3）保温隔热性能好，节能效果好；

（4）施工方便，工艺简单；

（5）具有承重与围护双重功能；

（6）自重大，抗拉、抗剪、抗弯能力低；

（7）抗震性能差；

（8）砌筑工程量繁重，生产效率低。

（二）砌筑砂浆

1．砂浆原材料要求

（1）水泥：水泥进场时应对其品种、等级、包装或散装仓号、出厂日期等进行检查，并应对其强度、安定性进行复验。水泥强度等级应根据砂浆品种及强度等级的要求选择，M15及以下强度等级的砌筑砂浆宜选用32.5级的通用硅酸盐水泥或砌筑水泥；M15以上强度等级的砌筑砂浆宜选用42.5级普通硅酸盐水泥。

（2）砂：宜用过筛中砂，砂中不得含有有害杂物。

（3）拌制水泥混合砂浆的建筑生石灰、建筑生石灰粉熟化为石灰膏，其熟化时间分别不得少于7d和2d。

2．砂浆配合比

（1）砌筑砂浆配合比应通过有资质的实验室，根据现场实际情况试配确定，并同时满足稠度、分层度和抗压强度的要求。

（2）当砂浆的组成材料有变更时，应重新确定配合比。

（3）砌筑砂浆的稠度通常为 30 ~ 90mm；在砌筑材料为粗糙、多孔且吸水较大的块料或在干热条件下砌筑时，应选用较大稠度值的砂浆，反之应选用稠度值较小的砂浆。

（4）砌筑砂浆的分层度不得大于 30mm，确保砂浆具有良好的保水性。

（5）施工中不应用强度等级低于 M5 的水泥砂浆替代同强度等级水泥混合砂浆，如需替代，应将水泥砂浆提高一个强度等级。

3．砂浆的拌制及使用

（1）砂浆现场拌制时，各组分材料应采用重量计量。

（2）砂浆应采用机械搅拌，搅拌时间自投料完算起：水泥砂浆和水泥混合砂浆不得少于 120s；水泥粉煤灰砂浆和掺用外加剂的砂浆不得少于 180s；掺液体增塑剂的砂浆，应先将水泥、砂干拌混合均匀后，将混有增塑剂的拌和水倒入干混砂浆中继续搅拌；掺固体增塑剂的砂浆，应先将水泥、砂和增塑剂干拌混合均匀后，将拌和水倒入其中继续搅拌，从加水开始，搅拌时间不应少于 210s。

（3）现场拌制的砂浆应随拌随用，拌制的砂浆应在 3h 内使用完毕；当最高气温超过 30℃时，应在 2h 内使用完毕。预拌砂浆及蒸压加气混凝土砌块专用砂浆的使用时间应按照厂家提供的说明书确定。

4．砂浆强度

（1）由边长为 70.7cm 的正方体试件，经过 28d 标准养护，测得一组 3 块试件的抗压强度值来评定。

（2）砂浆试块应在搅拌机出料口随机取样、制作，同盘砂浆应制作一组试块。

（3）每检验一批不超过 250m³ 砌体的各种类型及强度等级的砌筑砂浆，每台搅拌机应至少抽验一次。

（三）砖砌体工程

（1）砌筑烧结普通砖、烧结多孔砖、蒸压灰砂砖、蒸压粉煤灰砖砌体时，砖应提前 1 ~ 2d 适度湿润，严禁用干砖或处于吸水饱和状态的砖砌筑，块体湿润程序应符合下列规定。

①烧结类块体的相对含水率为 60% ~ 70%；

②混凝土多孔砖及混凝土实心砖不需浇水湿润，但在气候干燥、炎热的情况下，宜在砌筑前对其喷水湿润。其他非烧结类块体的相对含水率应为 40% ~ 50%。

（2）砌筑方法有“三一”砌筑法、挤浆法（铺浆法）、刮浆法和满口灰法四种。通常采用“三一”砌筑法，即一铲灰、一块砖、一揉压。用铺浆法砌筑时，铺浆长度不得超过 750mm，施工期间气温超过 30℃时，铺浆长度不得超过 500mm。

（3）设置皮数杆：在砖砌体转角处、交接处应设置皮数杆，皮数杆上标明砖皮数、灰缝厚度以及竖向构造的变化部位。皮数杆间距不应大于 15m。在相对两皮数杆上砖上边线处拉水准线。

（4）砖墙砌筑形式：根据砖墙厚度不同，可采用全顺、两平一侧、全丁、一顺一丁、梅花丁或三顺一丁等砌筑形式。

（5）240mm 厚承重墙的每层墙的最上一皮砖，砖砌体的阶台水平面上及挑出层的外皮砖，应整砖丁砌。

（6）弧拱式及平拱式过梁的灰缝应砌成楔形缝，拱底灰缝宽度不宜小于 5mm，拱顶灰缝宽度不应大于 15mm，拱体的纵向及横向灰缝应填实砂浆；平拱式过梁拱脚下面应伸入墙内不小于 20mm；砖砌平拱过梁底应有 1% 的起拱。

（7）砖过梁底部的模板及其支架拆除时，灰缝砂浆强度不应低于设计强度的 75%。

（8）砖墙灰缝宽度宜为 10mm，且不应小于 8mm，也不应大于 12mm。砖墙的水平灰缝砂浆饱满度不得小于 80%；垂直灰缝应采用挤浆或加浆方法，不得出现透明缝、瞎缝和假缝。

（9）在砖墙上留置临时施工洞口，其侧边离交接处墙面不应小于 500mm，洞口净宽不应超过 1m。抗震设防烈度为 9 度地区建筑物的施工洞口位置，应会同设计单位确定。临时施工洞口应做好补砌。

（10）不得设置脚手眼的墙体或部位。

① 120mm 厚墙、清水墙、料石墙、独立柱和附墙柱；

②过梁上与过梁成 60° 角的三角形范围及过梁净跨度 1/2 的高度范围内；

③宽度小于 1m 的窗间墙；

④门窗洞口两侧石砌体 300mm，其他砌体 200mm 范围内；转角处石砌体 600mm，其他砌体 450mm 范围内；

⑤梁或梁垫下及其左右 500mm 范围内；

⑥设计不允许设置脚手眼的部位；

⑦轻质墙体；

⑧夹心复合墙外叶墙。

（11）脚手眼补砌时，应清除脚手眼内掉落的砂浆、灰尘；脚手眼处砖及填塞用砖应湿润，并应填实砂浆，不得用干砖填塞。

（12）设计要求的洞口、沟槽、管道应于砌筑时正确留出或预埋，未经设计同意，不得打凿墙体和在墙体上开凿水平沟槽。宽度超过 300mm 的洞口上部，应有钢筋混凝土过梁。不应在截面边长小于 500mm 的承重墙体、独立柱内埋设管线。

（13）砖砌体的转角处和交接处应同时砌筑，严禁无可靠措施的内外墙分砌施工。在抗震设防烈度为 8 度及以上地区，对不能同时砌筑而又必须留置的临时间断处应砌成斜槎，普通砖砌体斜槎水平投影长度不应小于高度的 2/3，多孔砖砌体的斜槎长高比不应小于 1/2。斜槎高度不得超过一步脚手架的高度。

（14）非抗震设防及抗震设防烈度为 6 度、7 度地区的临时间断处，当不能留斜槎时，除了转角处，均可留直槎，但直槎必须做成凸槎，且应加设拉结钢筋，拉结钢筋应符合下列规定。

①每 12mm 厚墙放置 16 拉结钢筋（120mm 厚墙放置 246 拉结钢筋）；

②间距沿墙高不应超过 500mm，且竖向间距偏差不应超过 100mm ；

③埋入长度从留槎处算起每边均不应小于 500mm，抗震设防烈度 6 度、7 度地区，不应小于 1000m ；

④末端应有 90° 弯钩。

（15）设有钢筋混凝土构造柱的抗震多层砖房，应先绑扎钢筋，然后砌砖墙，最后浇筑混凝土。墙与柱应沿高度方向每 500mm 设 246 拉筋，每边伸入墙内不应少于 1m；构造柱应与圈梁连接；砖墙应砌成马牙槎，每一马牙槎沿高度方向的尺寸不超过 300mm，马牙槎从每层柱脚开始，先退后进。该层构造柱混凝土浇筑完成以后，才能进行上一层施工。

（16）砖墙工作段的分段位置，宜设在变形缝、构造柱或门窗洞口处；相邻工作段的砌筑高度不得超过一个楼层高度，也不宜大于 4m。

（17）正常施工条件下，砖砌体每日砌筑高度宜控制在 1.5m 或一步脚手架高度内。

（四）混凝土小型空心砌块砌体工程

（1）混凝土小型空心砌块分为普通混凝土小型空心砌块和轻集料混凝土小型空心砌块（简称小砌块）两种。

（2）施工采用的小砌块的产品龄期不应小于 28d。承重墙体使用的小砌块应完整、无破损、无裂缝。砌筑小砌块砌体，宜选用专用小砌块砌筑砂浆。

（3）普通混凝土小型空心砌块砌体，不需浇水湿润；如遇天气干燥、炎热，宜在砌筑前对其喷水湿润；对轻集料混凝土小砌块，应提前浇水湿润，块体的相对含水率应为 40% ~ 50%。雨天及小砌块表面有浮水时，不得施工。

（4）施工前，应按房屋设计图编绘小砌块平、立面排块图，施工中应按排块图施工。

（5）当砌筑厚度大于 190mm 的小砌块墙体时，宜在墙体内外侧双面挂线。小砌块应将生产时的底面朝上反砌于墙上，小砌块墙体宜逐块坐（铺）浆砌筑。

（6）底层室内地面以下或防潮层以下的砌体，应用强度等级不低于 C20（或 Cb20）的混凝土灌实小砌块的孔洞。

（7）在散热器、厨房和卫生间等设置的卡具安装处砌筑的小砌块，应在施工前用强度等级不低于 C20（或 Cb20）的混凝土将其孔洞灌实。

（8）小砌块墙体应孔对孔、肋对肋错缝搭砌。单排孔小砌块的搭接长度应为块体长度的 1/2；多排孔小砌块的搭接长度可适当调整，但不宜小于小砌块长度的 1/3，且不应小于 90mm。墙体的个别部位不能满足上述要求时，应在此部位水平灰缝中设置 ϕ4 钢筋网片，且网片两端与该位置的竖缝距离不得小于 400mm，或采用配块。墙体竖向通缝不得超过两皮小砌块，独立柱不允许有竖向通缝。

（9）砌筑应从转角或定位处开始，内外墙同时砌筑，纵横交错搭接。外墙转角处应使小砌块隔皮露端面；T 形交接处应使横墙小砌块隔皮露端面。

（10）墙体转角处和纵横交接处应同时砌筑。临时间断处应砌成斜槎，斜槎水平投影长度不应小于斜槎高度。临时施工洞口可预留直槎，但在补砌洞口时，应在直槎上下搭砌的小砌块孔洞内用强度等级不低于 Cb20 或 C20 的混凝土灌实。

（11）厚度为 190mm 的自承重小砌块墙体应与承重墙同时砌筑。厚度小于 190mm 的自承重小砌块墙宜后砌，且应按设计要求预留拉结筋或钢筋网片。

（五）填充墙砌体工程

（1）砌筑填充墙时，轻集料混凝土小型空心砌块和蒸压加气混凝土砌块的产品龄期不应小于 28d，蒸压加气混凝土砌块的含水率应小于 30%。

（2）砌块进场后应按品种、规格堆放整齐，堆置高度不宜超过 2m。蒸压加气混凝土砌块在运输及堆放中应防止雨淋。

（3）吸水率较小的轻集料混凝土小型空心砌块及采用薄灰砌筑法施工的蒸压加气混凝土砌块，砌筑前不应对其浇（喷）水湿润。

（4）轻集料混凝土小型空心砌块或蒸压加气混凝土砌块墙如无切实有效措施，不得用于下列部位或环境。

①建筑物防潮层以下部位及墙体；

②长期浸水或化学侵蚀环境；

③砌块表面温度高于 80℃的部位；

④长期处于有振动源环境的墙体。

（5）在厨房、卫生间、浴室等处采用轻集料混凝土小型空心砌块、蒸压加气混凝土砌块砌筑墙体时，墙底部应现浇混凝土坎台，其高度应为 150mm。

（6）蒸压加气混凝土砌块、轻集料混凝土小型空心砌块不应与其他块体混砌，不同强度等级的同类块体也不得混砌。

（7）烧结空心砖砌体组砌时，应上下错缝，交接处应咬槎搭砌，掉角严重的空心砖不宜使用。转角及交接处应同时砌筑，不得留直槎；留斜槎时，斜槎高度不宜大于1.2m。

（8）蒸压加气混凝土砌块填充墙砌筑时应上下错缝，搭砌长度不宜小于砌块长度的1/3，且不应小于150mm。当不能满足时，在水平灰缝中应设置26钢筋或ф4钢筋网片加强，每侧搭接长度不宜小于700mm。

三、钢结构工程施工技术

（一）钢结构构件的连接

钢结构的连接方法有焊接、普通螺栓连接、高强度螺栓连接等。

1．焊接

（1）焊接是钢结构加工制作中的关键步骤。建筑工程中钢结构常用的焊接方法，按焊接的自动化程度一般分为手工焊接、半自动焊接和全自动焊接三种。全自动焊又分为埋弧焊、气体保护焊、熔化嘴电渣焊、非熔化嘴电渣焊四种。

（2）焊工应经考试合格并取得资格证书，且在认可的范围内进行焊接作业，严禁无证上岗。

（3）焊缝缺陷通常分为裂纹、孔穴、固体夹杂、未熔合、未焊透、形状缺陷和其他缺陷。其主要产生原因和处理方法见表3–8。

表3–8　焊缝缺陷产生的原因和处理方法

焊缝缺陷	产生原因和处理方法
裂纹	通常有热裂纹和冷裂纹之分。产生热裂纹的主要原因是母材抗裂性能差、焊接材料质量不好、焊接工艺参数选择不当、焊接内应力过大等；产生冷裂纹的主要原因是焊接结构设计不合理、焊缝布置不当、焊接工艺措施不合理，如焊前未预热、焊后冷却快等。处理办法是在裂纹两端钻止裂孔或铲除裂纹处的焊缝金属，进行补焊
孔穴	通常分为气孔和弧坑缩孔两种。产生气孔的主要原因是焊条药皮损坏严重、焊条和焊剂未烘烤、母材有油污或锈和氧化物、焊接电流过小、弧长过长、焊接速度太快等，处理方法是铲去气孔处的焊缝金属，然后补焊。产生弧坑缩孔的主要原因是焊接电流太大且焊接速度太快、熄弧太快，未反复向熄弧处补充填充金属等，其处理方法是在弧坑处补焊

续表

焊缝缺陷	产生原因和处理方法
固体夹杂	有夹渣和夹钨两种缺陷。产生夹渣的主要原因是焊接材料质量不好、焊接电流太小、焊接速度太快、渣密度太大、阻碍熔渣上浮、多层焊时熔渣未清除干净等，处理方法是铲除夹渣处的焊缝金属，然后焊补。产生夹钨的主要原因是氩弧缝金属，重新焊补
未熔合、未焊透	产生的主要原因是焊接电流太小、焊接速度太快、坡口角度间隙太小、操作技术不佳等。对于未熔合的处理方法是铲除未熔合处的焊缝金属后补焊。对于未焊透的处理方法是：开敞性好的结构的单面未焊透，可在焊缝背面直接补焊；不能直接焊补的重要焊件，应铲去未焊透的焊缝金属，重新焊接
形状缺陷	包括咬边、焊瘤、下塌、根部收缩、错边、角度偏差、焊缝超高、表面不规则等
其他缺陷	主要有电弧擦伤、飞溅、表面撕裂等

2．螺栓连接

钢结构中使用的连接螺栓一般分为普通螺栓和高强度螺栓两种。

（1）普通螺栓

① 常用的普通螺栓有六角螺栓、双头螺栓和地脚螺栓等。

② 制孔可采用钻孔、冲孔、铣孔、铰孔、镗孔和锪孔等方法，对直径较大或长形孔采用气割制孔，严禁气割扩孔。

③ 普通螺栓的紧固次序为从中间开始，对称向两边进行。对大型接头应进行复拧，即两次紧固，保证接头内各个螺栓能均匀受力。

（2）高强度螺栓

① 高强度螺栓按连接形式通常分为摩擦连接、张拉连接和承压连接等，其中摩擦连接是目前广泛采用的基本连接形式。

② 高强度螺栓连接处的摩擦面的处理方法通常有喷砂（丸）法、酸洗法、砂轮打磨法和钢丝刷人工除锈法等。可根据设计抗滑移系数的要求选择处理工艺，抗滑移系数必须满足设计要求。

③ 安装环境气温不宜低于 -10℃，当摩擦面潮湿或暴露于雨雪中时，停止作业。

④ 高强度螺栓安装时应先使用安装螺栓和冲钉。高强度螺栓不得兼作安装螺栓。

⑤ 高强度螺栓现场安装时应能自由穿入螺栓孔，不得强行穿入。若螺栓不能自由穿入，可采用铰刀或锉刀修整螺栓孔，不得采用气割扩孔，扩孔数量应征得设计同意，修整后或扩孔后的孔径不应超过 1.2 倍螺栓直径。

⑥ 高强度螺栓超拧的应更换，且废弃换下的螺栓不得重复使用。严禁用火焰或电焊切割高强度螺栓梅花头。

⑦ 高强度螺栓长度应以螺栓连接副终扩后外露 2 ~ 3 扣丝为标准计算，应在构件安装精度调整后拧紧。对于扭剪型高强度螺栓的终拧检查，以目测尾部梅花头拧断为合格。

⑧ 高强度大六角头螺栓连接副施拧可采用扭矩法或转角法。同一接头中，高强度螺栓连接副的初拧、复拧、终拧应在 24h 内完成。高强度螺栓连接副初拧、复拧和终拧的顺序原则上是从接头刚度较大的部位向约束较小的部位、从螺栓群中央向四周。

（二）钢结构涂装（2014 单）

钢结构涂装工程通常分为防腐涂料（油漆类）涂装和防火涂料涂装两类。通常情况下，先进行防腐涂料涂装，再进行防火涂料涂装。

1．防腐涂料涂装

钢结构防腐涂装施工宜在钢构件组装和预拼装工程检验批的施工质量验收合格后进行。钢构件进行涂料防腐涂装时，可采用机械除锈和手工除锈方法。油漆防腐涂装可采用涂刷法、手工滚涂法、空气喷涂法和高压无气喷涂法。

2．防火涂料涂装

（1）钢结构防火涂料涂装施工应在钢结构安装工程和防腐涂装工程检验批施工质量验收合格后进行。当设计文件规定钢构件可不进行防腐涂装时，安装验收合格后可直接进行防火涂料涂装施工。

（2）防火涂料按涂层厚度可分为 CB、B、H 三类。

① CB 类：超薄型钢结构防火涂料，涂层厚度小于或等于 3mm；

② B 类：薄型钢结构防火涂料，涂层厚度一般为 3 ~ 7mm；

③ H 类：厚型钢结构防火涂料，涂层厚度一般为 7 ~ 45mm。

（3）防火涂料施工可采用喷涂、抹涂或滚涂等方法。涂装施工通常采用喷涂方法。

（4）防火涂料可按产品说明在现场进行搅拌或调配。当天配置的涂料应在产品说明书规定的时间内用完。

（5）厚涂型防火涂料，有下列情况之一时，宜在涂层内设置与钢构件相连的钢丝网或采取其他相应的措施：①承受冲击、振动荷载的钢梁；②涂层厚度等于或大于 40mm 的钢梁和桁架；③涂料黏结强度小于或等于 0.05MPa 的钢构件；④钢板墙和腹板高度超过 1.5m 的钢梁。

四、预应力混凝土工程施工技术

（一）预应力混凝土的分类

按预加应力的方式可将预应力混凝土分为先张法预应力混凝土和后张法预应力混凝土（见表 3–9）。

表 3–9　预应力混凝土的分类

分类	定义	特点
先张法预应力混凝土	在台座或钢模上先张拉预应力筋并用夹具临时固定，再浇筑混凝土，待混凝土达到一定强度后，放张并切断构件外预应力筋的方法	先张拉预应力筋，再浇筑混凝土；预应力是靠预应力筋与混凝土之间的黏结力传递给混凝土，并使其产生预压应力的
后张法预应力混凝土	先浇筑构件或结构混凝土，达到一定强度后，在构件或结构的预留孔内张拉预应力筋，然后用锚具将预应力筋固定在构件或结构上的方法	先浇筑混凝土，达到一定强度后，再在其上张拉预应力筋；预应力是靠锚具传递给混凝土，并使其产生预压应力的

在后张法中，按预应力筋黏结状态又可分为：有黏结预应力混凝土和无黏结预应力混凝土。其中，无黏结预应力是近年来发展起来的新技术，其做法是在预应力筋表面涂敷防腐润滑油脂，并外包塑料护套制成无黏结预应力筋后如同普通钢筋一样铺设在支好的模板内；然后，浇筑混凝土，待混凝土强度达到设计要求后再张拉锚固。其特点是不需预留孔道和灌浆，施工简单等。

（二）预应力混凝土施工技术

预应力混凝土施工技术见表 3-10。

表 3-10　预应力混凝土施工技术

方法		施工技术
先张法预应力混凝土施工		①在先张法中，施加预应力宜采用一端张拉工艺，张拉控制应力和程序按图纸设计要求进行。张拉时，根据构件情况可采用单根、多根或整体一次进行长拉。当采用单根张拉时，其张拉顺序宜由下向上，由中到边（对称）进行。全部张拉工作完毕，应立即浇筑混凝土。超过 24h 尚未浇筑混凝土时，必须对预应力筋进行再次检查，如检查的应力值与允许值差超过误差范围时，必须重新张拉。②先张法预应力筋张拉后与设计位置的偏差不得大于 5mm，且不得大于构件界面短边边长的 4%。在浇筑混凝土前，发生断裂或滑脱的预应力筋必须予以更换。③预应力筋放张时，混凝土强度应符合设计要求；当设计无要求时，不应低于设计的混凝土立方体抗压强度标准值的 75%。放张时宜缓慢放松锚固装置，使各根预应力筋同时缓慢放松
后张法预应力混凝土施工	有黏结	①预应力筋张拉时，混凝土强度必须符合设计要求；当设计无具体要求时，不应低于设计的混凝土立方体抗压强度标准值的 75%。②张拉程序和方式要符合设计要求；通常，预应力筋张拉方式有一端张拉、两端张拉、分批张拉、分阶段张拉、分段张拉和补偿张拉等。张拉顺序：采用对称张拉的原则。对于平卧重叠构件张拉顺序宜先上后下逐层进行，每层对称张拉，为了减少因上下层之间摩擦引起的预应力损失，可逐层适当加大张拉力。③预应力筋的张拉以控制张拉力值（预先换算成油压表读数）为主，以预应力筋张拉伸长值作校核。对后张法预应力结构构件，断裂或滑脱的预应力筋数量严禁超过同一截面预应力筋总数的 3%，且每束钢丝不得超过一根。④预应力筋张拉完毕后应及时进行孔道灌浆，灌浆用水泥浆 28d 标准养护抗压强度不得低于 30Mpa
	无黏结	在无黏结预应力施工中，主要工作是无黏结预应力筋的铺设、张拉和锚固区的处理。①无黏结预应力筋的铺设：一般在普通钢筋绑扎后期开始铺设无黏结预应力筋，并与普通钢筋绑扎穿插进行。②无黏结预应力筋端头承压板应严格按设计要求的位置用钉子固定在端模板上或用点焊固定在钢筋上，确保无黏结预应力曲线筋或折线筋末端的切线与承压板相垂直，并确保就位安装牢固，位置准确。③无黏结预应力筋的张拉应严格按设计要求进行。通常，在预应力混凝土楼盖中的张拉顺序是先张拉楼板，后张拉楼面梁。板中的无黏结筋可依次张拉，梁中的无黏结筋可对称张拉（两端张拉或分段张拉）。正式张拉之前，宜用千斤顶将无黏结预应力筋先往复抽动 1 ~ 2 次后再张拉，以降低摩阻力。张拉验收合格后，按图纸设计要求及时做好封锚处理工作，确保锚固区密封，严防水汽进入，锈蚀预应力筋和锚具等

第四节　防水工程施工技术

一、屋面与室内防水工程施工技术

（一）屋面防水工程技术要求

1. 屋面防水等级和设防要求

屋面防水工程应根据建筑物的类别、重要程度、使用功能要求确定防水等级，并按相应等级进行防水设防；对防水有特殊要求的建筑屋面，应进行专项防水设计。屋面防水等级和设防要求应符合表 3-11 的规定。例如建筑高度为 30m 的办公楼，其防水等级为 I 级，应采用两道防水设防。

表 3-11　屋面防水等级和设防要求

防水等级	建筑类别	设防要求
Ⅰ级	重要建筑和高层建筑	两道防水设防
Ⅱ级	一般建筑	一道防水设防

2. 屋面防水的基本要求

（1）屋面防水应以防为主，以排为辅。在完善设防的基础上，应选择正确的排水坡度，将水迅速排走，以减少渗水的机会。混凝土结构层宜进行结构找坡，坡度不应小于 3%；当进行材料找坡时，宜采用质量轻、吸水率低和有一定强度的材料，坡度宜为 2%。找坡应按屋面排水方向和设计坡度要求进行，找坡层最薄处厚度不宜小于 20mm。

（2）保温层上的找平层应在水泥初凝前压实抹平，并应留设分格缝，缝宽宜为 5 ~ 20mm，纵横缝的间距不宜大于 6m。水泥终凝前完成收水后应二次压光，并应及时取出分格条。养护时间不得少于 7d。卷材防水层的基层与突出屋面结构的交接处，以及基层的转角处，找平层均应做成圆弧形，且应整齐、平顺。

（3）严寒和寒冷地区屋面热桥部位，应按设计要求采取节能保温等隔断热桥措施。

（4）找平层设置的分格缝可兼作排气道，排气道的宽度应为40mm；排气道应纵横贯通，并与大气连通的排气孔相通，排气孔可设在檐口下或纵横排气道的交叉处；排气道纵横间距应为6m，屋面每36m² 应设置一个排气孔，并作防水处理；在保温层下，也可铺设带支点的塑料板。

（5）涂膜防水层的胎体增强材料应采用聚酯无纺布或化纤无纺布；胎体增强材料长边搭接宽度不应小于50mm，短边搭接宽度不应小于70mm，上下层胎体增强材料的长边搭接缝应错开，俱不得小于幅宽的1/3，上下层胎体增强材料不得相互垂直铺设。

3．卷材防水层屋面施工

（1）卷材防水层铺贴顺序和方向应符合下列规定。

①卷材防水层施工时，应先进行细造处理，然后由屋面最低标高向上铺贴；

②檐沟、天沟卷材施工时，宜顺檐沟、天沟方向铺贴，搭接缝应顺流水方向；

③卷材宜平行屋脊铺贴，上下层卷材不得相互垂直铺贴。

（2）立面或大坡面铺贴卷材时，应采用满粘法，并减少卷材短边搭接。

（3）卷材搭接缝应符合下列规定。

①平行屋脊的搭接缝应顺流水方向；

②同一层相邻两幅卷材短边搭接缝错开不应小于500mm；

③上下层卷材长边搭接缝应错开，且不应小于幅宽的1/3；

④叠层铺贴的各层卷材，在天沟与屋面的交接处，应采用叉接法搭接，搭接缝应错开。搭接缝应留在屋面与天沟侧面，不宜留在沟底。

（4）热粘法铺贴卷材应符合的规定。

①熔化热熔型改性沥青胶结料时，应使用专用导热油炉加热，加热温度不应高于200℃，使用温度不宜低于180℃；

②粘贴卷材的热熔型改性沥青胶结料厚度应为1.0 ~ 1.5mm；

③采用热熔型改性沥青胶结料铺贴卷材时，应随刮随滚铺，并展平压实。

（5）厚度小于 3mm 的高聚物改性沥青防水卷材，严禁采用热熔法施工。搭接缝部位应以溢出热熔的改性沥青胶结料为度，溢出的改性沥青胶结料宽度应为 8mm，并均匀顺直。

（6）屋面坡度大于 25% 时，卷材应采取满粘和钉压固定措施。

4．涂膜防水层屋面施工

（1）涂膜防水层施工应符合的规定。

①防水涂料应多遍均匀涂布，待前一遍涂布的涂料干燥成膜后，再涂布后一遍涂料，且前后两遍涂料的涂布方向应相互垂直；

②涂膜间夹铺胎体增强材料时，应边涂布边铺胎体；

③涂膜施工应先做好细部处理，再进行大面积涂布；屋面转角及立面的涂膜应薄涂多遍，不得流淌和堆积。

（2）涂膜防水层施工工艺应符合的规定。

①水乳型及溶剂型防水涂料应采用滚涂或喷涂施工；

②反应固化型防水涂料应采用刮涂或喷涂；

③热熔型防水涂料应采用刮涂；

④聚合物水泥防水涂料应采用刮涂；

⑤所有防水涂料用于细部构造时，均应采用刷涂或喷涂。

（3）铺设胎体增强材料应符合的规定。

①胎体增强材料应采用聚酯无纺布或化纤无纺布；

②胎体增强材料长边搭接宽度不应小于 50mm，短边搭接宽度不应小于 70m；

③上下层胎体增强材料的长边搭接应错开，且不得小于幅宽的 1/3；

④上下层胎体增强材料不得相互垂直铺设。

（4）涂膜防水层的平均厚度应符合设计要求，且最小厚度不得小于设计厚度的 80%。

5．保护层和隔离层施工

（1）施工完的防水层应进行雨后观察、淋水或蓄水试验，并在合格后进行保护层和隔离层的施工。

（2）块体材料保护层铺设应符合的规定。

①在砂结合层上铺设块体时，砂结合层应平整，块体间应预留 10mm 的缝隙，缝内应填砂，并用 1 ： 2 水泥砂浆勾缝；

②在水泥砂浆结合层上铺设块体时，应先在防水层上做隔离层，块体间应预留 10mm 的缝隙，缝内用 1 ： 2 水泥砂浆勾缝；

③块体表面应洁净、色泽一致，无裂纹、掉角和缺楞等缺陷。

（3）水泥砂浆及细石混凝土保护层铺设应符合的规定。

①水泥砂浆及细石混凝土保护层铺设前，应在防水层上做隔离层；

②细石混凝土铺设不宜留施工缝；当施工间隙超过规定时间时，应对接槎进行处理；

③水泥砂浆及细石混凝土表面应抹平压光，不得有裂纹脱皮、麻面、起砂等缺陷。

6. 檐口、檐沟、天沟、水落口等细部的施工

（1）卷材防水屋面檐口 800mm 范围内的卷材应满粘，卷材收头应采用金属压条钉压并应用密封材料封严。檐口下端应做鹰嘴和滴水槽。

（2）檐沟和天沟的防水层下应增设附加层，附加层伸入屋面的宽度不得小于 250mm ；檐沟防水层和附加层应由沟底翻上至外侧顶部，卷材收头应用金属压条钉压，并应用密封材料封严，涂膜收头应用防水涂料多遍涂刷。女儿墙泛水处的防水层下应增设附加层，附加层在平面和立面的宽度均不得小于 250mm。

（3）水落口杯应牢固地固定在承重结构上，水落口周围 500mm 范围内坡度不得小于 5%，防水层下应增设涂膜附加层；防水层和附加层伸入水落口杯内不得小于 50mm，并应黏结牢固。

（二）室内防水工程施工技术

1. 施工流程

防水材料进场复试→技术交底→清理基层→结合层→细部附加层→防水层→试水试验。

2. 防水混凝土施工

（1）防水混凝土必须按配合比准确配料。当拌和物出现离析现象时，必须进行二次搅拌。当坍落度损失后不能满足施工要求时，应加入原水胶比的水泥浆或二次掺加减水剂进行搅拌，严禁直接加水。

（2）防水混凝土应采用高频机械分层振捣密实，振捣时间为 10 ~ 30s。采用自密实混凝土时，可不进行机械振捣。

（3）防水混凝土应连续浇筑，少留施工缝。当留设施工缝时，应留置在受剪力较小、便于施工的部位。墙体水平施工缝应留在高出楼板表面 300mm 以上的墙体上。

（4）防水混凝土终凝后应立即进行养护，养护时间不得少于 14d。

（5）防水混凝土冬期施工时，其入模温度不得低于 5℃。

3. 防水水泥砂浆施工

（1）基层表面应平整、坚实、清洁，充分湿润，无积水。

（2）防水砂浆应采用抹压法施工，分遍成活。各层应紧密结合，应连续施工。需留槎时，上下层接槎位置应错开 100mm 以上，转角 20mm 范围内不得留接槎。

（3）防水砂浆施工环境温度不得低于 5℃。终凝后应及时进行养护，养护温度不得低于 5℃，养护时间不得小于 14d。

（4）聚合物水泥防水砂浆未达到硬化状态时，不得浇水养护或直接受水冲刷，硬化后应采用干湿交替的养护方法。潮湿环境中可在自然条件下养护。

4. 涂膜防水层施工

（1）基层应平整牢固，表面不得出现孔洞、蜂窝麻面、缝隙等缺陷；基面必须干净、无浮浆，基层干燥度应符合产品要求。

（2）施工环境温度：水乳型涂料宜为 5 ~ 35℃。

（3）涂料施工时应先对阴阳角、预埋件、穿墙（楼板）管等部位进行加强或密封处理。

（4）涂膜防水层应多遍成活，后一遍涂料施工应待前一遍涂层表干后再进行。前后两遍的涂刷方向应垂直，应先涂刷立面，后涂刷平面。

（5）铺贴胎体增强材料时应充分浸透防水涂料，不得露胎及褶皱。胎体材料长边搭接宽度不得小于 50mm，短边搭接宽度不得小于 70mm。

（6）防水层施工完毕验收合格后，应及时做保护层。

5．卷材防水层施工

（1）基层应平整牢固，表面不得出现孔洞、蜂窝麻面、缝隙等缺陷；基面必须干净、无浮浆，基层干燥度应符合产品要求。采用水泥基胶黏剂的基层应先充分湿润，但不得有明水。

（2）卷材铺贴施工环境温度：采用冷粘法施工不得低于 5℃，热熔法施工不得低于 -10℃。

（3）以粘贴法施工的防水卷材及其基层应采用满粘法铺贴。

（4）卷材接缝必须粘贴严密。接缝部位应进行密封处理，密封宽度不得小于 10mm。搭接缝位置距阴阳角应大于 300mm。

（5）防水卷材施工宜先铺立面，后铺平面。防水层施工完毕验收合格后，方可进行其他层面的施工。

二、地下防水工程施工技术

（一）地下防水工程的一般要求

（1）地下工程的防水等级分为四级。防水混凝土的环境温度不得高于 80℃。

（2）地下防水工程施工前，施工单位应进行图纸会审，掌握工程主体及细部构造的防水技术要求，编制防水工程施工方案。

（3）地下防水工程必须由有相应资质的专业防水施工队伍施工，主要施工人员应持有建设行政主管部门或其指定单位颁发的执业资格证书。

（二）防水混凝土施工

（1）防水混凝土可通过调整配合比，或掺加外加剂、掺合料等措施配制，其抗渗等级不得小于 P6。其试配混凝土的抗渗等级应比设计要求高 0.2MPa。

（2）用于防水混凝土的水泥品种宜采用硅酸盐水泥、普通硅酸盐水泥。所选用石子的最大粒径不宜大于 40mm，砂应选用中粗砂，不宜使用海砂。

（3）在满足混凝土抗渗等级、强度等级和耐久性条件下，水胶比不得大于 0.50，有侵蚀性介质时水胶比不宜大于 0.45；防水混凝土宜采用预拌商品混凝土，其人泵坍落度应控制在 120 ~ 160mm；预拌混凝土的初凝时间为 6 ~ 8h。

（4）防水混凝土拌和物应采用机械搅拌，搅拌时间不宜小于 2min。

（5）防水混凝土应分层连续浇筑，分层厚度不得大于 500mmn。

（6）防水混凝土应连续浇筑，应少留施工缝。当留设施工缝时，应符合下列规定。

① 墙体水平施工缝不应留在剪力最大处或底板与侧墙的交接处，应留在高出底板表面 300mm 以上的墙体上。拱（板）墙结合的水平施工缝，应留在拱（板）墙接缝线以下 150 ~ 300mm 处。墙体有预留孔洞时，施工缝距孔洞边缘不得小于 300mm。

② 垂直施工缝应避开地下水和裂隙水较多的地段，并与变形缝相结合。

（7）施工缝应按设计及规范要求做好防水。施工应符合如下规定。

① 水平施工缝浇筑混凝土前，应将其表面浮浆和杂物清除，然后铺设净浆或涂刷混凝土界面处理剂、水泥基渗透结晶型防水涂料等材料，再铺 30 ~ 50mm 厚的 1 ∶ 1 水泥砂浆并及时浇筑混凝土。

② 垂直施工缝浇筑混凝土前，应将其表面清理干净，再涂刷混凝土界面处理剂或水泥基渗透结晶型防水涂料，并及时浇筑混凝土。

③ 遇水膨胀止水条（胶）应与接缝表面密贴；选用的遇水膨胀止水条（胶）应具有缓胀性能，7d 的净膨胀率不宜大于最终膨胀率的 60%，最终膨胀率应大于 220%。

④ 采用中埋式止水带或预埋式注浆管时，应定位准确、固定牢靠。

（8）大体积防水混凝土应选用水化热低和凝结时间长的水泥，掺入减水剂、缓凝剂等外加剂和粉煤灰、磨细矿渣粉等掺合料。在设计许可的情况下，掺粉煤灰混凝土设计强度等级的龄期应为 60d 或 90d。炎热季节施工时，入模温度不得大于 30℃。在混凝土内部预埋管道时，应进行水冷散热。大体积防水混凝土应采取保温保湿养护，混凝土中心温度与表面温度的差值不得大于 25℃，表面温度与大气温度的差值不得大于 20℃，养护时间不得少于 14d。

（9）地下室外墙穿墙管必须采取止水措施，单独埋设的管道可采用套管式穿墙防水。当管道集中多管时，可采用穿墙群管的防水方法。

（三）水泥砂浆防水层施工

（1）水泥砂浆的品种和配合比设计应根据防水工程要求确定。

（2）水泥砂浆防水层可用于地下工程主体结构的迎水面或背水面，不应用于受持续振动或温度高于 80℃的地下工程防水。

（3）聚合物水泥防水砂浆厚度单层施工应为 6 ~ 8mm，双层施工为 10 ~ 12mm；掺外加剂或掺合料的水泥防水砂浆厚度应为 18 ~ 20mm。

（4）水泥砂浆应使用硅酸盐水泥、普通硅酸盐水泥或特种水泥。砂宜采用中砂，含泥量不得大于 1%。

（5）水泥砂浆防水层施工的基层表面应平整、坚实、清洁，并应充分湿润。无明显基层表面的孔洞、缝隙应用与防水层相同的防水砂浆堵塞并抹平。

（6）水泥砂浆防水层应在基础垫层、初期支护、围护结构及内衬结构验收合格后施工。施工前应将预埋件、穿墙管预留凹槽内嵌填密封材料后，再进行水泥砂浆防水层施工。

（7）防水砂浆宜采用多层抹压法施工。应分层铺抹或喷射，铺抹时应压实、抹平，最后一层表面应提浆压光。

（8）水泥砂浆防水层各层应紧密粘合，每层宜连续施工；必须留设施工缝时，应采用阶梯坡形槎，与阴阳角的距离不得小于 200mm。

（9）水泥砂浆防水层不得在雨天、五级及以上大风天气中施工。冬期施工时，气温不得低于 5℃。夏季不宜在 30℃以上或烈日照射下施工。

（10）水泥砂浆防水层终凝后，应及时进行养护，养护温度不宜低于 5℃，并应使砂浆表面保持湿润，养护时间不得少于 14d。

（11）聚合物水泥防水砂浆拌和后应在规定的时间内用完，施工中不得任意加水。聚合物水泥防水砂浆未达到硬化状态时，不得浇水养护或直接受雨水冲刷，硬化后应采用干湿交替的养护方法。潮湿环境中，可在自然条件下养护。

（四）卷材防水层施工

（1）卷材防水层适用于地下水环境，且受侵蚀介质作用或受震动作用的地下工程。

（2）铺贴卷材严禁在雨天、雪天、五级及以上大风天气中施工；冷粘法、自粘法施工的环境气温不宜低于 5℃，热熔法、焊接法施工的环境气温不宜低于 -10℃。施工过程中下雨或下雪时，应做好已铺卷材的防护工作。

（3）卷材防水层应铺设在混凝土结构的迎水面上。用于建筑地下室时，应铺设在结构底板垫层至墙体防水设防高度的结构基面上。

（4）卷材防水层的基面应坚实、平整、清洁、干燥，阴阳角处应做成圆弧或 45° 坡角，其尺寸应根据卷材品种确定，并涂刷基层处理剂；当基面潮湿时，应涂刷湿固化型胶粘剂或潮湿界面隔离剂。

（5）如设计无要求，阴阳角等特殊部位铺设的卷材加强层宽度不得小于 500mm。

（6）结构底板垫层混凝土部位的卷材可采用空铺法或点粘法施工，侧墙采用外防外贴法的卷材及顶板部位的卷材应采用满粘法施工。铺贴立面卷材防水层时，应采取防止卷材下滑的措施。

（7）铺贴双层卷材时，上下两层和相邻两幅卷材的接缝应错开 1/3 ~ 1/2 幅宽，且两层卷材不得相互垂直。

（8）弹性体改性沥青防水卷材和改性沥青聚乙烯胎防水卷材采用热熔法施工应加热均匀，不得加热不足或烧穿卷材，搭接缝部位应溢出热熔的改性沥青。

（9）采用外防外贴法铺贴卷材防水层时，应符合下列规定。

① 先铺平面，后铺立面，交接处应交叉搭接。

② 临时性保护墙应用石灰砂浆砌筑，内表面做找平层。

③ 从底面折向立面的卷材与永久性保护墙的接触部位，应采用空铺法施工；卷材与临时性保护墙或围护结构模板的接触部位，应将卷材临时贴附在该墙上或模板上，并应将顶端临时固定。不设保护墙时，从底面折向立面的卷材接槎部位应采取可靠保护措施。

④ 混凝土结构完成，铺贴立面卷材时，应先将接槎部位的各层卷材揭开，

并将其表面清理干净，如卷材有损坏应及时修补。卷材接槎的搭接长度，高聚物改性沥青类卷材应为 150mm，合成高分子类卷材应为 100mm；使用两层卷材时，卷材应错槎接缝，上层卷材应盖过下层卷材。

（10）采用外防内贴法铺贴卷材防水层时，应符合下列规定。

①混凝土结构的保护墙内表面应抹厚度为 20mm 的 1 ∶ 3 水泥砂浆找平层，然后铺贴卷材。

②卷材宜先铺立面，后铺平面；铺贴立面时，应先铺转角，后铺大面。

（11）卷材防水层经检查合格后，应及时做保护层。顶板卷材防水层上的细石混凝土保护层采用人工回填土时厚度不宜小于 50mm，采用机械碾压回填土时厚度不宜小于 70mm，防水层与保护层之间应设隔离层。底板卷材防水层上细石混凝土保护层厚度不应小于 50mm。侧墙卷材防水层应使用软质保护材料或铺抹 20mm 厚 1 ∶ 2.5 水泥砂浆层。

（五）涂料防水层施工

（1）涂料防水层适用于受侵蚀性介质作用或受震动作用的地下工程。无机防水涂料适用于结构主体的背水面或迎水面，有机防水涂料用于地下工程主体结构的迎水面，用于背水面的有机防水涂料应具有较高的抗渗性，且与基层有较好的黏结性。

（2）涂料防水层严禁在雨天、雾天、五级及以上大风天气时施工，不得在施工环境温度低于 5℃及高于 35℃或烈日暴晒时施工。涂膜固化前如有降雨，应及时做好已完涂层的保护工作。

（3）有机防水涂料基层表面应干燥，不应有气孔、凹凸不平、蜂窝麻面等缺陷涂料施工前，基层阴阳角应做成圆弧形，阴角直径大于 50mm，阳角直径大于 10mm，在底板转角部位应增加胎体增强材料，并增涂防水涂料。铺贴胎体增强材料时，应使胎体层充分浸透防水涂料，不得有露槎及褶皱。

（4）防水涂料应分层刷涂或喷涂，涂层应均匀，不得漏刷漏涂。涂刷应待前遍涂层干燥成膜后进行，涂刷时应交替改变涂层的涂刷方向，同层涂膜的先后搭压宽度应为 30 ~ 50mm。甩楼处接缝宽度不得小于 100mm，接涂前应将其甩槎表面处理干净。

（5）使用有机防水涂料时，基层阴阳角处应做成圆弧；在转角处、变形缝、施工缝穿墙管等部位应增加胎体增强材料和增涂防水涂料，宽度不得小于 50m。胎体增强材料的搭接宽度不得小于 10mm，上下两层和相邻两幅胎体的接缝应错开 1/3 幅宽，上下两层胎体不得相互垂直。

（6）涂料防水层完工并验收合格后应及时做保护层。底板应采用 1 ∶ 2.5 水泥砂浆层和 50 ~ 70mm 厚的细石混凝土保护层；顶板采用细石混凝土保护层，机械回填时不宜小于 70mm，人工回填时不宜小于 50mm。防水层与保护层之间应设置隔离层。

第五节　装饰装修工程施工技术

一、吊顶工程施工技术

吊顶（又称顶棚、天花板）是建筑装饰工程的一个重要子分部工程。吊顶具有保温、隔热、隔声和吸声的作用，也是电气、暖卫、通风空调、通信和防火、报警管线设备等工程的隐蔽层。按施工工艺和使用的材料，分为暗龙骨吊顶（又称隐蔽式吊顶）和明龙骨吊顶（又称活动式吊顶）。吊顶工程由支承部分（吊杆和主龙骨）、基层（次龙骨）和面层三部分组成。

（一）吊顶工程施工技术要求

（1）安装龙骨前，应按设计要求对房间净高、洞口标高和吊顶管道、设备及其支架的标高进行交接检验。

（2）吊顶工程的木吊杆、木龙骨和木饰面板必须进行防火处理，并应符合有关防火规范。

（3）吊顶工程中的预埋件、钢筋吊杆和型钢吊杆应进行防锈处理。

（4）安装面板前应完成吊顶内管道和设备的调试及验收。

（5）吊杆距主龙骨端部和距墙的距离不得大于 300mm。吊杆间距和主龙骨间距不得大于 1200mm，当吊杆长度大于 1.5m 时，应设置反支撑。当吊杆与设备相遇时，应调整增设吊杆。

（6）当石膏板吊顶面积大于 100m² 时，纵横方向每隔 12 ~ 18m 应做伸缩缝处理。

（二）施工方法

吊顶工程施工方法见表 3–12。

表 3–12　吊顶工程施工方法

<table>
<tr><th colspan="2">环节</th><th>施工方法</th></tr>
<tr><td colspan="2">测量放线</td><td>①弹吊顶标高水平线：应根据吊顶的设计标高在四周墙上弹线。弹线应清晰，位置应准确。②画龙骨分档线：主龙骨宜平行房间长向布置，分档位置线从吊顶中心向两边分，间距不宜大于 1200mm，并标出吊杆的固定点</td></tr>
<tr><td colspan="2">吊杆安装</td><td>①不上人的吊顶，吊杆可以采用 φ6 的吊杆；上人的吊顶，吊杆可以采用 φ8 的吊杆；大于 1500mm 时，还应设置反向支撑。②吊杆应通直，并有足够的承载能力。③吊顶灯具、风口及检修口等应设附加吊杆。重型灯具、电扇及其他重型设备严禁安装在吊顶工程的龙骨上，必须增设附加吊杆</td></tr>
<tr><td rowspan="4">安装龙骨</td><td>边龙骨</td><td>边龙骨的安装应按设计要求弹线，用射钉固定，射钉间距应不大于吊顶次龙骨的间距</td></tr>
<tr><td>龙骨</td><td>①主龙骨应吊挂在吊杆上。主龙骨的接长应采取对接，相邻龙骨的接头要相互错开。②跨度大于 15m 的吊顶，应在主龙骨上每隔 15m 加一道大龙骨，并垂直主龙骨焊接牢固；如有大的造型顶棚，造型部分应用角钢或扁钢焊接成框架，并应与楼板连接牢固</td></tr>
<tr><td>次龙骨</td><td>次龙骨分明龙骨和暗龙骨两种。次龙骨间距为 300 ~ 600mm，在潮湿地区和场所间距为 300 ~ 400mm</td></tr>
<tr><td>横撑龙骨</td><td>暗龙骨系列横撑龙骨应用连接件将其两端连接在通长次龙骨上。明龙骨系列的横撑龙骨与通长龙骨搭接处的间隙不得大于 1mm</td></tr>
<tr><td colspan="2">饰面板安装</td><td>①明龙骨吊顶饰面板的安装方法有搁置法、嵌入法、卡固法等。当采用搁置法和卡固法施工时，应采取相应的固定措施。②暗龙骨吊顶饰面板的安装方法有钉固法、粘贴法、嵌入法、卡固法等。粘贴法分为直接粘贴法和复合粘贴法。直接粘贴法是将饰面板用胶黏剂直接粘贴在龙骨上。刷胶宽度为 10 ~ 15mm，经 5 ~ 10min 后，将饰面板压粘在相应部位</td></tr>
</table>

（三）吊顶工程的隐蔽工程项目验收

吊顶工程应对以下隐蔽工程项目进行验收：①吊顶内管道、设备的安装及水管试压，风管的避光试验；②木龙骨防火、防腐处理；③预埋件或拉结筋；④吊杆安装；⑤龙骨安装；⑥填充材料的设置。

二、轻质隔墙工程施工技术

轻质隔墙的特点是自重轻、墙身薄、拆装方便、节能环保、有利于建筑工业化施工。按构造方式及所用材料分为板材隔墙、骨架隔墙等。

（一）板材隔墙

板材隔墙是指不需设置隔墙龙骨，由隔墙板材自承重，将预制或现制的隔墙板材直接固定于建筑主体结构上的隔墙工程。

1．施工技术要求

（1）在限高以内安装条板隔墙时，竖向接板不宜超过一次，相邻条板接头位置应错开 300mm 以上，错缝范围可为 300 ～ 500mm。

（2）在既有建筑改造工程中，条板隔墙与地面接缝处应间断布置抗震钢卡，间距应不大于 1m。

（3）在条板隔墙上横向开槽及开洞敷设电气暗线、暗管、开关盒时，选用隔墙厚度应大于 90mm。开槽深度不应大于墙厚的 2/5，开槽长度不得大于隔墙长度的 1/2。严禁在隔墙两侧同一部位开槽、开洞，应错开 150mm 以上。单层条板隔墙内不宜设计暗埋配电箱、控制柜，不宜横向暗埋水管。

（4）条板隔墙上需要吊挂重物和设备时，不得单点固定，单点吊挂力应小于 1000N，并应在设计时考虑加固措施，两点间距应大于 300mm。

（5）普通石膏条板隔墙及其他有防水要求的条板隔墙用于潮湿环境时，下端应做混凝土条形墙垫，墙垫高度不应小于 100mm。

（6）防裂措施：应在板与板之间对接缝隙内填满、灌实黏结材料，企口接缝处可粘贴耐碱玻璃纤维网格布条或无纺布条防裂，亦可用拉结钢筋加固或采取其他防裂措施。

（7）采用空心条板做门、窗框板时，距板边 120 ~ 150mm 内不得有空心孔洞；可将空心条板的第一孔用细石混凝土灌实。门、窗框一侧应设置预埋件，根据门窗洞口大小确定固定位置，每一侧固定点应不少于 3 处。

2. 施工方法

（1）组装顺序：当有门洞口时，应从门洞口处向两侧依次进行；当无洞口时，应从一端向另一端顺序安装。

（2）配板：板材隔墙饰面板安装前应按品种、规格、颜色等进行分类选配。板的长度应按楼层结构净高尺寸减 20mm。

（3）安装隔墙板：安装方法主要有刚性连接和柔性连接。刚性连接适用于非抗震设防区的内隔墙安装；柔性连接适用于抗震设防区的内隔墙安装。安装板材隔墙所用的金属件应进行防腐处理。

（二）骨架隔墙

骨架隔墙是指在隔墙龙骨两侧安装墙面板以形成墙体的轻质隔墙。骨架隔墙主要是将龙骨作为受力骨架固定于建筑主体结构上，轻钢龙骨石膏板隔墙就是典型的骨架隔墙。

1. 饰面板安装

骨架隔墙一般选择纸面石膏板（潮湿区域应采用防潮石膏板）、人造木板、水泥纤维板等作为墙面板。

2. 石膏板安装

（1）石膏板应竖向铺设，长边接缝应落在竖向龙骨上。双层石膏板安装时两层板的接缝不应在同一根龙骨上；需进行隔声、保温、防火处理的应根据设计要求在一侧板安装好后，进行隔声、保温、防火材料的填充，再封闭另一侧板。

（2）石膏板应采用自攻螺钉固定。安装石膏板时，应从板的中部开始向板的四边固定。钉头略埋入板内，但不得损坏纸面；钉眼应用石膏腻子抹平。

（3）轻质隔墙与顶棚和其他墙体的交接处应采取防开裂措施。隔墙板材所用接缝材料的品种及接缝方法应符合设计要求；设计无要求时，板缝处粘贴50 ~ 60mm宽的嵌缝带，阴阳角处粘贴200mm宽纤维布（每边各100mm宽），并用石膏腻子刮平，总厚度控制在3mm内。

（4）接触砖、石、混凝土的龙骨、埋置的木楔和金属型材应做防腐处理。

三、地面工程施工技术

建筑地面包括建筑物底层地面和楼层，也包含室外散水、明沟、台阶、踏步和坡道等。

（一）地面工程施工技术要求

（1）进场材料应有质量合格证明，应对其型号、规格、外观等进行验收，重要材料或产品应抽样复验。

（2）建筑地面下的沟槽、暗管等工程完工后，经检验合格并做隐蔽记录，方可进行建筑地面工程施工。

（3）建筑地面工程基层（各构造层）和面层的铺设，均应待其下一层检验合格后方可继续施工。建筑地面工程各层铺设前与相关专业的分部（子分部）工程、分项工程以及设备管道安装工程之间，应进行交接检验。

（4）建筑地面工程施工时，各层环境温度及其所铺设材料温度的控制应符合下列要求。

①采用掺有水泥、石灰的拌和料以及用石油沥青胶结料铺贴时，不应低于5℃；

②采用有机胶黏剂粘贴时，不宜低于10℃；

③采用砂、石材料铺设时，不应低于0℃；

④采用自流平、涂料铺设时，不应低于5℃，也不应高于30℃。

（二）施工方法

地面工程的施工方法见表3–13。

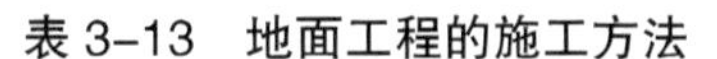
表 3–13　地面工程的施工方法

环节	施工方法
厚度控制	①水泥混凝土垫层的厚度不应小于 60mm。②水泥砂浆面层的厚度应符合设计要求，且不应小于 20m。③水磨石面层厚度除有特殊要求，应为 121mm，且接石粒径确定。④水泥钢（铁）屑面层铺设时的水泥砂浆结合层厚度应为 20mm。⑤防油渗面层采用防油渗涂料时，涂层厚度为 5 ～ 7mm
变形缝设置	①建筑地面的沉降缝、伸缩缝和防震缝，应与结构相应缝的位置一致，且应贯通建筑地面的各构造层。②沉降缝和防震缝的宽度应符合设计要求，缝内清理干净，以柔性密封材料填嵌后用板封盖，并应与面层齐平。③室内地面的水泥混凝土垫层，应设置纵向缩缝和横向缩缝；纵向缩缝、横向缩缝的间距均不得大于 6m。大面积水泥混凝土垫层应分区段浇筑。分区段应结合变形缝位置、不同类型的建筑地面连接处和设备基础的位置进行划分，并应与设置的纵向、横向缩缝的间距相一致。④对水泥混凝土散水、明沟，应设置伸缩缝，其间距不得大于 10m；房屋转角处应做 45° 缝。水泥混凝土散水、明沟和台阶等与建筑物连接处应设缝处理。上述缝宽度为 15 ～ 20mm，缝内填嵌柔性密封材料
防水处理	①有防水要求的建筑地面工程，铺设前必须对立管、套管和地漏与楼板节点之间进行密封处理，并进行隐蔽验收，排水坡度应符合设计要求。②厕浴间和有防水要求的建筑地面必须设置防水隔离层。楼层结构必须采用现浇混凝土或整块预制混凝土板，混凝土强度等级不应小于 C20；楼板四周除门洞外应做混凝土翻边，高度不应小于 20m，宽同墙厚，混凝土强度等级不应小于 C20。施工时结构层标高和预留孔洞位置应准确，严禁乱凿洞。③防水隔离层严禁渗漏，坡向应正确、排水通畅
防爆处理	不发火（防爆的）面层中的碎石不发火性必须合格。水泥应采用硅酸盐水泥、普通硅酸盐水泥；施工配料时应随时检查，不得混入金属或其他易产生火花的杂质
天然石材防碱背涂处理	采用传统的湿作业铺设天然石材时，由于水泥会在水化时析出大量的氢氧化钙，透过石材孔隙泛到石材表面，产生不规则的花斑，俗称泛碱现象，严重影响建筑室内外石材饰面的装饰效果。故在大理石、花岗岩面层铺设前，应对石材背面和侧面进行防碱处理
楼梯踏步的处理	楼梯、台阶踏步的宽度、高度应符合设计要求。踏步板块的缝隙宽度应一致；楼层楼梯相邻踏步高度差不应大于 10mm；每踏步两端宽度差不应大于 1mm，旋转楼梯梯段的每踏步两端宽度差不应大于 5mm；踏步面层应做防滑处理，齿角应整齐，防滑条应顺直、牢固
成品保护	①整体面层施工后，养护时间不应小于 7d；抗压强度应达到 5MPa 后，方准上人行走；抗压强度达到设计要求后，方可正常使用。②铺设水泥混凝土板块等的结合层和填缝的水泥砂浆，在面层铺设后，表面应覆盖、湿润，其养护时间不应少于 7d

四、饰面板（砖）工程施工技术

饰面板安装工程是指内墙饰面板安装工程和高度不大于 24m、抗震设防烈度不大于 7 度的外墙饰面板安装工程。饰面砖工程是指内墙饰面砖和高度不大于

100m、抗震设防烈度不大于 8 度、满粘法施工方法的外墙饰面砖工程。

（一）饰面板安装工程

饰面板安装工程分为石材饰面板安装（方法有湿作业法、粘贴法和干挂法）、金属饰面板安装（方法有木衬板粘贴、有龙骨固定面板）、木饰面板安装（方法有龙骨钉固法、粘接法）和镜面玻璃饰面板安装四类。

（二）饰面砖粘贴工程

（1）饰面砖粘贴排列方式主要有“对缝排列”和“错缝排列”两种。

（2）墙、柱面砖粘贴前应进行挑选，并应浸水 2h 以上，晾干表面水分。

（3）粘贴前应进行放线定位和排砖，非整砖应排放在次要部位或阴角处。每面墙不宜有两列（行）以上非整砖，非整砖宽度不宜小于整砖的 1/3。

（4）粘贴前应确定水平及竖向标志，垫好底尺，挂线粘贴。墙面砖表面应平整、接缝应平直、缝宽应均匀一致。阴角砖应压向正确，阳角线宜做成 45° 角对接。在墙、柱面突出物处，应整砖套割吻合，不得用非整砖拼凑粘贴。

（5）结合层应使用 1 ∶ 2 水泥砂浆，砂浆厚度为 6 ~ 10mm。水泥砂浆应满铺在墙面砖背面，一面墙、柱不宜一次粘贴到顶，以防塌落。

（三）饰面板（砖）工程

（1）应对下列材料及其性能指标进行复验。

①室内用花岗石的放射性；

②粘贴用水泥的凝结时间、安定性和抗压强度；

③外墙陶瓷面砖的吸水率；

④寒冷地区外墙陶瓷面砖的抗冻性。

（2）应对下列隐蔽工程项目进行验收。

①预埋件（或后置埋件）；

②连接节点；

③防水层。

五、门窗工程施工技术

门窗安装工程是指木门窗安装、金属门窗安装、塑料门窗安装和门窗玻璃安装。

（一）金属门窗

金属门窗安装应采用预留洞口的方法施工，不得采用边安装边砌口或先安装后砌口的方法。金属门窗的固定方法应符合设计要求，在砌体上安装金属门窗严禁用射钉固定。

1．铝合金门窗框安装

铝合金门窗安装时，墙体与连接件、连接件与门窗框的固定方式应按表3–14选择。

表3–14　铝合金门窗的固定方式及适用范围

固定方式	适用范围
连接件焊接连接	适用于钢结构
预埋件连接	适用于钢筋混凝土结构
燕尾铁脚连接	适用于砖墙结构
金属膨胀螺栓固定	适用于钢筋混凝土结构、砖墙结构
射钉固定	适用于钢筋混凝土结构

2．门窗扇安装

（1）推拉门窗在门窗框安装固定后，将配好玻璃的门窗扇整体安入框内滑槽，调整好与扇的缝隙，扇与框的搭接量应符合设计要求，推拉扇开关力应不大于100N。同时，应有防脱落措施。

（2）平开门窗在框与扇格架组装上墙、安装固定好后再安装玻璃。密封条安装时应留有比门窗的装配边长20 ~ 30mm的余量，转角处应斜面断开，并用胶黏剂粘贴牢固，避免收缩产生缝隙。

3．五金配件安装

五金配件与门窗连接用镀锌螺钉。安装的五金配件应固定牢固，使用灵活。

（二）塑料门窗

塑料门窗应采用预留洞口的方法安装，不得边安装边砌口或先安装后砌口。

（1）当门窗与墙体固定时，应先固定上框，后固定边框。固定方法如下：

①混凝土墙洞口采用射钉或膨胀螺钉固定；

②砖墙洞口应用膨胀螺钉固定，不得固定在砖缝处，并严禁用射钉固定；

③轻质砌块或加气混凝土洞口可在预埋混凝土块上用射钉或膨胀螺钉固定；

④设有预埋铁件的洞口应采用焊接的方法固定，也可先在预埋件上按紧固件规格打基孔，然后用紧固件固定；

⑤窗下框与墙体也采用固定片固定，但应按照设计要求，处理好室内窗台板与室外窗台的节点，防止窗台渗水。

（2）安装组合窗时，应从洞口的一端按顺序安装。

（三）门窗玻璃安装

（1）玻璃品种、规格应符合设计要求。单块玻璃大于 1.5m^2 时应使用安全玻璃。玻璃表面应洁净，不得有腻子、密封胶、涂料等污渍。中空玻璃内外表面均应洁净，中空层内不得有灰尘和水蒸气。

（2）门窗玻璃不应直接接触型材。单面镀膜玻璃的镀膜层及磨砂玻璃的磨砂面应朝向室内，但磨砂玻璃作为浴室、卫生间门窗玻璃时，则应注意将其花纹面朝外，以防表面浸水而透视。中空玻璃的单面镀膜玻璃应在最外层，镀膜层应朝向室内。

六、涂料涂饰、裱糊、软包与细部工程施工技术

（一）涂饰工程的施工技术要求和方法

涂饰工程包括水性涂料涂饰工程、溶剂型涂料涂饰工程、美术涂饰工程。

1. 涂饰施工前的准备工作

（1）涂饰工程应在抹灰、吊顶、细部、地面及电气工程等已完成并验收合

格后进行。

（2）基层处理要求：

①新建筑物的混凝土或抹灰基层在涂饰涂料前应涂刷抗碱封闭底漆。对泛碱、析盐的基层应先用 3% 的草酸溶液清洗；然后，用清水冲刷干净或在基层刷一遍抗碱封闭底漆，待其干后刮腻子，再涂刷面层涂料。

②旧墙面在涂饰涂料前应清除疏松的旧装修层，并涂刷界面剂。

③基层腻子应平整、坚实、牢固，无粉化、起皮和裂缝。厨房、卫生间墙面必须使用耐水腻子。

④混凝土或抹灰基层涂刷溶剂型涂料时，含水率不得大于 8%；涂刷乳液型涂料时，含水率不得大于 10%。木材基层的含水率不得大于 12%。

2．涂饰方法

混凝土及抹灰面涂饰一般采用喷涂、滚涂、刷涂、抹涂和弹涂等方法，以取得不同的表面质感。木质基层涂刷分为涂刷清漆和涂刷色漆。

（二）裱糊工程的施工技术要求和方法

1．基层处理要求

（1）新建筑物的混凝土或抹灰基层墙面在刮腻子前应涂刷抗碱封闭底漆。

（2）旧墙面在裱糊前应清除疏松的旧装修层并涂刷界面剂。

（3）混凝土或抹灰基层含水率不得大于 8%；木材基层的含水率不得大于 12%。

（4）基层表面颜色应一致；裱糊前应用封闭底胶涂刷基层。

2．裱糊方法

墙、柱面常用搭接法、拼接法裱糊。顶棚一般采用推贴法裱糊。

（三）软包工程的施工技术要求

软包工程根据构造做法，分为带内衬软包和不带内衬软包两种；按制作安装方法不同，分为预制板组装和现场组装。软包工程常用的面料为皮革、人造革以及锦缎等织物。

（四）细部工程的施工技术要求和方法

（1）细部工程包括橱柜制作与安装，窗帘盒、窗台板、散热器罩制作与安装，门窗套制作与安装，护栏和扶手制作与安装，花饰制作与安装五个分项工程。

（2）细部工程应对下列部位进行隐蔽工程验收。

①预埋件（或后置埋件）；

②护栏与预埋件的连接节点。

（3）护栏、扶手的技术要求：高层建筑的护栏高度应适当提高，但不宜超过 1.2m；栏杆离地面或屋面 0.1m 高度内不应留空。各类建筑的护栏高度、栏杆间距应符合表 3–15 的要求。

表 3–15　各类建筑护栏、栏杆专门设计的要求

<table>
<tr><th colspan="2">项目</th><th>要求</th></tr>
<tr><td rowspan="3">托儿所、幼儿园建筑</td><td>护栏</td><td>阳台、屋顶平台的护栏净高不得小于 1.2m，内侧不应设有支撑</td></tr>
<tr><td>栏杆</td><td>楼梯栏杆垂直线饰间的净距不得大于 0.11m，当楼梯井净宽度大于 0.2m 时，必须采取安全措施</td></tr>
<tr><td>扶手</td><td>楼梯除设成人扶手外，并应在靠墙一侧设幼儿扶手，且不得高于 0.6m</td></tr>
<tr><td>中小学校建筑</td><td>扶手</td><td>室内楼梯扶手高度不得低于 0.9m，室外楼梯扶手及水平扶手高度不得低于 1.1m</td></tr>
<tr><td rowspan="5">居住建筑</td><td rowspan="3">护栏（阳台栏杆、外廊、内天井及上人屋面等临空处栏杆）</td><td>六层及以下住宅的栏杆净高不得低于 105m</td></tr>
<tr><td>七层及以上住宅的栏杆净高不得低于 110m</td></tr>
<tr><td>栏杆的垂直杆件间净距不得大于 0.11m，并应防止儿童攀登</td></tr>
<tr><td>栏杆</td><td>楼梯栏杆垂直杆件间净空不得大于 0.11m。楼梯井净宽大于 0.11m 时，必须采取防止儿童攀滑的措施</td></tr>
<tr><td>扶手</td><td>扶手不得低于 0.9m。楼梯水平段栏杆长度大于 0.5m 时，其扶手不得低于 1.05m</td></tr>
</table>

七、建筑幕墙工程施工技术

（一）建筑幕墙的分类

建筑幕墙按照面板材料分为玻璃幕墙、金属幕墙、石材幕墙三种；按施工方法分为单元式幕墙、构件式幕墙两种。

（二）建筑幕墙的预埋件制作与安装

常用建筑幕墙预埋件有平板形和槽形两种，其中平板形预埋件应用最为广泛。预埋件的制作与安装技术要求见表 3–16。

表 3–16　预埋件的制作与安装技术要求

项目	技术要求
预埋件制作	①锚板应使用 Q235 级钢，锚筋应使用 HPB300、HRB335 或 HRB400 级热轧钢筋，严禁使用冷加工钢筋；②直锚筋与锚板应采用 T 形焊。当锚筋直径不大于 20mm 时，应采用压力埋弧焊；当锚筋直径大于 20mm 时，应采用穿孔塞焊。不允许把锚筋弯成Ⅱ形或 L 形与锚板焊接。当采用手工焊时，焊缝高度不宜小于 6mm 和 0.5d（HPB300 级钢筋）或 0.6d（HRB35 级、HRB400 级钢筋），d 为锚筋直径；③预埋件应采取有效的防腐处理，当采用热镀锌防腐处理时，锌膜厚度应大于 40 μm
预埋件安装	①预埋件应在主体结构浇捣混凝土时，按照设计要求的位置、规格埋设；②预埋件在安装时，各轴之间应从两轴中间向两边测量放线，避免累积误差；③为保证预埋件与主体结构连接的可靠性，连接部位的主体结构混凝土强度等级不应低于 C20。轻质填充墙不应做幕墙的支承结构

（三）框支承玻璃幕墙的制作与安装

框支承玻璃幕墙分为明框、隐框、半隐框三类。

1. 框支承玻璃幕墙构件的制作

玻璃板块应在洁净、通风的室内注胶，要求室内温度应在 15℃ ~ 30℃，相对湿度在 50% 以上。应在温度为 20℃、湿度为 50% 以上的干净室内养护。单组分硅酮结构密封胶固化时间一般需 14 ~ 21d；双组分硅酮结构密封胶一般需 7 ~ 10d。

2. 框支承玻璃幕墙的安装

（1）框支承玻璃幕墙的安装包括立柱安装、横梁安装、玻璃面板安装和密封胶嵌缝。

（2）不得采用自攻螺钉固定承受水平荷载的玻璃压条。

（3）玻璃幕墙开启窗的开启角度不宜大于 30°，开启距离不宜大于 300mm。

（4）密封胶的施工厚度应大于 3.5mm，一般小于 4.5mm。密封胶的施工宽度不宜小于厚度的 2 倍。

（5）不宜在夜晚、雨天打胶。打胶温度应符合设计要求和产品要求。

（6）严禁使用过期的密封胶。硅酮结构密封胶不宜作为硅酮耐候密封胶使用，两者不能互代。同一个工程应使用同一品牌的硅酮结构密封胶和硅酮耐候密封胶。密封胶注满后应检查胶缝。

（四）金属与石材幕墙工程的安装技术及要求

1．框架安装的技术

（1）金属与石材幕墙的框架通常采用钢管或钢型材框架，较少采用铝合金型材。

（2）幕墙横梁应通过角码、螺钉或螺栓与立柱连接。螺钉直径不得小于4mm，每处连接螺钉不应少于3个，如用螺栓不应少于2个。横梁与立柱之间应有一定的相对位移能力。

2．面板加工制作要求

（1）幕墙用单层铝板厚度不应小于2.5mm；单层铝板折弯加工时，折弯外圆弧半径不应小于板厚的1.5倍。

（2）板块四周应采用铆接、螺栓或黏结与机械连接相结合的形式固定。

（3）铝塑复合板在切割内层铝板和聚乙烯塑料时，应保留不小于0.3mm厚的聚乙烯塑料，并不得划伤铝板的内表面。

（4）打孔、切口等外露的聚乙烯塑料应采用中性硅酮耐候密封胶密封；在加工过程中，铝塑复合板严禁与水接触。

3．面板的安装要求

（1）金属面板嵌缝前，先把胶缝处的保护膜撕开，清洁胶缝后方可打胶；大面上的保护膜在工程验收前方可撕去。

（2）石材幕墙面板与骨架的连接有钢销式、通槽式、短槽式、背栓式、背挂式等。

（3）不锈钢挂件的厚度不宜小于3mm，铝合金挂件的厚度不宜小于4mm。

（4）金属与石材幕墙板面嵌缝应采用中性硅酮耐候密封胶。

（五）建筑幕墙的防火构造要求

（1）幕墙与各层楼板、隔墙外沿间的缝隙，应使用不燃材料或难燃材料封堵，填充材料可使用岩棉或矿棉，其厚度不应小于100mm，并应满足设计的耐火极限要求，在楼层间和房间之间形成防火烟带。防火层应用厚度不小于1.5mm的镀锌钢板承托。承托板与主体结构、幕墙结构及承托板之间的缝隙应用防火密封胶密封；防火密封胶应有法定检验机构的防火检验报告。

（2）无窗槛墙的幕墙，应在每层楼板的外沿设置耐火极限不低于1h、高度不低于0.8m的不燃烧实体裙墙或防火玻璃墙。在计算裙墙高度时，可计入钢筋混凝土楼板厚度或边梁高度。

（3）当建筑设计要求防火分区分隔有通透效果时，可采用单片防火玻璃或由其加工成的中空、夹层防火玻璃。

（4）防火层不应与幕墙玻璃直接接触，防火材料朝玻璃面处应采用装饰材料覆盖。

（5）同一幕墙玻璃单元不应跨越两个防火分区。

（六）建筑幕墙的防雷构造要求

（1）幕墙的金属框架应与主体结构的防雷体系可靠连接，在连接部位应清除非导电保护层。

（2）幕墙的铝合金立柱，在不大于10m范围内应有一根立柱使用柔性导线，把每个上柱与下柱的连接处连通。导线截面积铜质不宜小于25mm^2，铝质不宜小于30mm^2。

（3）主体结构有水平均压环的楼层，对应导电通路的立柱预埋件或固定件应用圆钢或扁钢与均压环焊接连通，形成防雷通路。镀锌圆钢直径不宜小于12mm，镀锌扁钢截面不宜小于5mm×40mm。避雷接地一般每三层与均压环连接。

（4）兼有防雷功能的幕墙压顶板应用厚度不小于3mm的铝合金板制造，与主体结构屋顶的防雷系统应有效连通。

（5）在有镀膜层的构件上进行防雷连接，应除去其镀膜层。

（6）使用不同材料的防雷连接应避免产生双金属腐蚀。

（7）防雷连接的钢构件在完成后，都应进行防锈油漆处理。

（七）建筑幕墙的保护和清洗

（1）幕墙框架安装后，不得作为操作人员和物料进出的通道；操作人员不得踩在框架上操作。

（2）玻璃面板安装后，在易撞、易碎部位都应有醒目的警示标识或安全装置。

（3）有保护膜的铝合金型材和面板，在不妨碍下道工序施工的前提下，不得提前撕除，在竣工验收前方可撕去。

（4）对幕墙的框架、面板等应采取措施进行保护，使其不发生变形、污染和被刻划等现象。幕墙施工中表面的粘附物，都应随时清除。

（5）幕墙工程安装完成后，应制定清洁方案。应选择无腐蚀性的清洁剂进行清洗；在清洗时，应检查幕墙排水系统是否畅通，发现堵塞应及时疏通。

（6）幕墙外表面的检查、清洗作业不得在 4 级以上风力和大雨（雪）天气下进行。

第四章
建筑施工技术质量

第一节　建筑施工技术管理优化措施探讨

一、建筑施工技术管理优化的重要性

经济社会的发展带动了社会各个领域的发展。我国各地区对建筑基础设施的应用建设也在不断加大投入，使建筑业取得了突飞猛进的发展。

（一）仍存在着很多质量低下的建筑施工企业

虽然建筑行业有相关管理部门的监督和管理，但是对质量的要求还不是十分全面，再加上各个建筑企业的施工技术还有差别，建筑质量也会出现不合格的问题。各个建筑企业的市场竞争可以有效提高建筑质量，也只有不断完善建筑施工技术，才能提高建筑施工的整体效率。

因此，对建筑施工技术管理工作进行优化对于我国建筑领域具有非常重要的意义。

（二）建筑的质量会影响民众的生命财产安全

随着社会发展水平的全面提升，我国各个地区都逐渐加大了对基础设施建设的投入，特别是近年来房地产行业的兴起，在一定程度上推动了建筑的发展。在这种大环境下，各种建筑企业涌现，由于其发展的速度相对较快，在很大程度上影响了细节上的完善，导致建筑企业在实际工作过程中经常出现一些质量问题，在很大程度上影响了人们的生命财产安全。所以，在建筑行业竞争压力逐渐加大的前提下，需要对建筑施工技术的管理水平进行提升，通过建立相关的施工档案和开展有效的培训工作，全面提升建筑施工的质量和效率，对于进一步降低建筑施工成本十分重要。

我国各地加大了对基础设施建设的投入，尤其是近年来蓬勃发展的房地产业带动了建筑业的发展，不计其数的大中小型建筑企业如雨后春笋般涌现，但是高速发展也带来了新的问题——一系列的建筑质量问题。在竞争日益加剧的情况下，通过提高建筑施工技术的管理水平，建立完善的技术管理制度，建立缜密的工程施工档案以及有效的技术培训，提高建筑施工的效率，确保建筑质量，对降低建筑施工成本具有重要的意义。

二、建筑施工技术管理内容

（一）建筑管理技术的内容

目前，建筑施工技术管理主要涵盖了建筑技术培训和技术管理规定等内容。除此之外，还对新技术的开发、应用进行了详细的规划和规定。在实践运用中，将建筑管理技术分为两大部分。

1. 内涵管理技术部分

这一部分主要规定了建筑施工的基本内容，比如书面形式的规范条例，它的出现有利于对施工建设人员进行岗前培训，让施工人员注意在实际施工中应该注意的问题。

2．表面技术管理

表面技术管理主要是对施工技术的再创新，对建筑施工的工序进行改造等。

（二）建筑工程技术管理

所谓建筑工程技术管理，不仅包括技术管理制度、档案管理、技术培训，还包括图纸会审、编制施组、技术交底、安全技术、“四新”技术开发应用等。这些内容可以分为内业和外业两种。

1．内业

内业主要包括一些建筑施工技术的基础作业，例如，根据建筑施工的技术需要制定一系列的管理制度，根据建筑施工的技术标准制定的作业规范和作业指导书对从业人员进行培训，并将这些规范和作业指导书以及培训的记录一并建立技术档案，完成存档。

2．外业

主要围绕施工的技术准备，以及建筑工程的技术实施方案，并对建筑施工技术进行适当的更新，以促进工程施工技术的不断发展。

三、建筑施工技术管理中存在的问题

（一）施工技术管理体系不完善

我国大部分的建筑都是由企业承建的，不同的建筑施工单位，其施工的质量也是不同的，想要整理出一套适用于所有施工环节的建筑施工设计原则，是非常困难的。但是，如果没有一套完整的施工技术管理体系对建筑工程进行管理，一旦出现了施工质量问题，基本上是无可遵循，解决不了的。因此，一个完整的施工技术管理体系对于建筑施工的质量是有非常大的帮助的。

1．施工质量难以保证

由于在建筑过程中多采用总分包的形式，而不同企业或单位之间的设备会存在一定差异，所以想要建立一套通用的制度比较困难。在大规模的建筑工程中，如果没有利用完善的规章制度对其进行管理，那么施工质量将难以保证。

一般情况下，在施工中实行总分包的制度，施工技术管理工作就是对承包单位的技术工作进行管理，以分包合同为纽带，在建筑单位和承包单位之间建立必要的工作连接。但是在实际工作过程中这种连接往往难以实现，导致施工要想对原有技术进行应用，就需要从原有的设计方式进行工作展开，这将在很大程度上提升建筑施工的成本，甚至还可能使得单位和单位在交接的过程中出现差错，从而影响整个建筑的质量。

2．不同体制建筑施工的利弊

在目前的总分包的管理体制下，所谓的施工技术管理就是工程的总包单位的技术管理，就是通过签订分包合同建立总包建筑单位与分包建筑单位的技术管理对接，这种对接的紧密度是较差的，受到分包单位的软硬件设施的制约，并且很难贯彻执行原定的施工技术。原材料的采购、存放、堆砌很难按照施工设计的要求来进行，从而拖延了工期，造成经济损失，管理成本将大大提高，使工程在企业与企业的交接过程中出现纰漏。

分包模式下，对于施工队伍的管理是一项复杂的工作，现阶段还没有相对有效的公用建筑施工管理体制，因此，很难对各个施工队伍进行约束，施工质量不合格的问题也难以从源头上解决。由于企业的管理制度主要以文档的方式呈现，施工项目总承建单位与分包企业又不能同时参与技术管理体制的建立，导致总承包商与分包企业联系不紧密，具体的技术管理指标也不能有效落实，建筑质量问题频发。

另外，在材料的采购上，因为各个企业的施工技术不同，需要分包企业自行采购材料，这就会提高建筑施工的成本，并影响工程建筑的进度，最后在完工交接上也会出现较大的分歧。

3．存在安全技术的隐患

在建筑行业快速发展的今天，各项工程正如火如荼地进行，但是在实际的工程施工中总能发现各种管理上的问题，特别是安全技术问题，大多数施工企业对于安全技术管理不够重视，施工中经常发生各种安全问题。

例如，很多建筑单位内部管理比较松懈，没有建立完善的监督机制对施工过程进行监督，在施工中存在各种安全隐患，对建筑质量构成相当大的威胁。

（二）建筑施工制度体系问题

1. 施工企业管理机构责任不明确

建筑工程中，依旧存在无法落实行业标准的情形，而且企业内部也没有建立严格的监督制度与管理规章制度，使得建筑质量问题一直存在。施工企业在人员管理上也存在较大的问题，技术部门与施工人员对接不紧密的情况时有发生，这使得许多设计不能具体落实。另外，施工现场经常出现无人负责或者多人负责的情况，这些问题归根结底还是制度体系不完善所导致的。

其实，大部分施工单位都不能按照国家建筑施工规定施工，因此，出现了建筑工程施工技术标准不达标、质量不过关等问题。再加上监督管理部门责任划分不明确，出现问题后监督部门与管理部门互相推诿，建筑施工问题得不到解决成为常态。

建筑施工过程会受到多方面因素的影响，一些比较急的建筑工程，其完工时间就会受到影响，而在实际工作中，即使已经按照国家标准施工的企业，出现问题也要及时解决，尽量避免建筑施工单位与建筑施工人员之间出现矛盾，否则，不仅有可能造成人员伤害，还会拖延建筑工程工期，造成巨大的经济损失。

2. 没有建立健全相关监管部门和制度

现阶段由于我国还没有较为健全的监督机制，在实践中，难以对工作人员的行为进行有效监督。这必将在很大程度上影响操作人员的工作，最终影响工作质量和进度。

由于建筑企业技术水平参差不齐，一部分企业不能落实与工程施工相关的国家标准、地方标准以及行业技术标准，满足操作规范以及相关文件的要求，不能建立健全相关责任制度，在人员配备上，不能很好地实现技术岗位和专业技术人员对接，或者是在企业内部没能按照岗位进行责任划分，出现一个流程多人负责或者是一个环节无人负责的现象。甚至有些单位无视我国《建筑工程施工规范》的要求，没有建立任何的施工制度体系，或者是施工制度存在巨大缺陷。

即便按照制度的要求来执行也不能满足工程建设的需要。部分单位不能按照建筑施工技术管理的要求对一线员工进行技术培训，缺少操作规程以及安全教育；或者肆意违规操作，无视安全，安全技术交底不彻底；没有按时定期对防护设施（如脚手架等）进行有组织的验收检查，或者施工现场消防设施虚设等。施工项目本身存在的弊端，管理人员水平的限制，周围环境的影响等问题都迫切需要完善的管理体质去解决。

（三）建筑施工技术管理监督不合格

建筑行业近几年呈现飞速发展的趋势，为了有效预防房地产泡沫，国家也出台了一系列的政策来解决房地产发展问题，对建筑行业的发展也提出了一些限制要求。但在实际的建筑工程施工中，还没有一套相对完整的技术管理体系，全程监督建筑施工单位的内部管理。

1．对施工人员的技术水平没有进行评估测试

如果施工人员的技术水平低，建筑施工的整体质量就会受到影响。为了保障工程技术的质量及建筑安全，提高建筑的整体水平，监督管理部门一定要在实际的施工建设中，加强其内部的施工监管，只有这样才能从根本上规范施工技术管理。

企业内部缺少针对建筑施工技术的运行监管，没有严格按照操作规程以及作业指导书的标准严格约束从业人员的行为，没有对不同文化程度的从业人员进行有针对性的管理。

2．保证监督过程符合基本规定

要想有效落实建筑施工技术，必须对每个人都严格要求，加强对每一个施工环节的监督和管理。因此，需要对工程进度和施工的客观条件进行关注，从而保证在技术或是资金上为施工提供更有效的帮助。

（四）优化建筑施工技术管理组织体系

首先需要了解不同层次的总包商和分包商的工作能力，建立起相应的建筑施工技术管理组织体系，并且全面落实，而不再仅依靠简单的分包合同，要由专门的工作人员对整个建筑施工技术进行管理，研究和落实每一项工作，保证所有

施工环节都处于有人管的状态。

目前，我国建筑行业中的竞争逐渐加剧，各种类型的建筑企业更是层出不穷。而优化建筑施工技术管理体系，可以使企业对自身有全新的认识，有效提升企业竞争力。

四、建筑施工技术管理的优化措施

（一）优化建筑施工信息管理系统

我们可以运用建筑施工信息管理系统提高建筑施工管理的整体效率，避免建筑施工技术在实际操作中出现盲区，尤其对于那些混合型的建筑设施作用更加明显。在建筑施工中，施工图纸是非常重要的，因为所有的建设都是参照施工图纸进行的，运用建筑施工信息管理系统可以有效避免建筑施工在技术上的失误，对于一些重点项目，建筑管理部门还要做好施工记录，因此，文档管理也是一项非常有意义的工作。

在充分考虑总包商以及分包商的实际技术水平的基础之上，建立一套行之有效的建筑施工技术管理组织体系，并贯彻实施，不再简单地靠分包合同约束，要由专人负责建筑施工技术管理工作，责任落实到人。各分包企业要注重人员的调度以及各部门间的配合，重视人员管理以及人员储备，重视对人员的培训，提高各岗位人员的职业素养以及安全意识。

（二）建筑施工阶段技术优化管理措施

建筑企业要从本企业实际入手，在执行国家法律法规的前提下，制定一套符合本企业实际的施工技术管理制度，并确立关键环节的限值和具体的作业指导书，以规范一线工人的行为。

在施工准备阶段与具体施工过程中要进行管理优化，在建筑项目施工准备阶段，管理部门要对实际工程项目进行实地考察评估，研究建筑方案的可行性以及资源的最佳配比，对于材料的采购也要进行规范，严格控制其型号、数量，对于新材料，要利用专门的技术进行检验，在施工准备期，要明确施工操作人员、技术人员、质量检测人员、管理人员的具体职责，合理分配岗位，加强各部门的联系与配合，防止施工中出现矛盾或者职责不明。

在具体施工过程中，施工技术人员要根据具体情况为施工人员提供施工必要的条件，比如水电的供应、施工进度的安排、施工区域的分配等，并且在施工中，技术管理人员必须坚守在一线，对具体施工情况进行实时监控，以便及时发现和处理突发问题。

此外，为了保证管理人员的工作效率。还要制定相应的岗位考核制度，防止串岗、离岗等消极怠工情况，确保技术管理人员坚守岗位，认真负责，保证施工质量与进度。

（三）建筑技术文件管理

建筑技术文件管理主要分为两大部分。

1. 建筑工程计划要进行变更处理

一般变更的手段也会影响建筑行业的整体水平。建筑成本与建筑工程的整体进展关系密切，因此，如需变更建筑文件，一定要对各相关环节进行详细的分析。

2. 要完成文档管理系统的构建工作

建筑文档主要包括使用的建筑材料、建筑图纸等文件记录。应做好相应的文件管理工作，准确填写信息文档。档案管理可以对施工计划及工序进行详细的记录，作为后续工作的参考。

最重要的是建筑文档管理系统有效解决了建筑行业项目建设点的记录问题，具有非常好的监督管理作用。

（四）加强对建筑施工技术执行的监督

落实建筑施工各个环节的责任，具体到人，在施工环节加强监管，随时纠正那些影响施工质量或者施工安全的违规操作，重点关注工程进度、施工的客观条件，在技术、物资、人力和组织等方面为工程创造条件，使施工过程连续、均衡，保证工程按时交付使用，在保证质量的前提下，提高劳动生产率和降低工程成本。

建筑施工技术的优化管理为我国建筑行业的发展奠定了坚实的基础，只有严格遵循有关国家标准，才能真正建造出适合人们居住、工作的优质建筑。相信通过加强建筑技术管理，我国的建筑施工技术也会越来越完善。

贯彻执行有关管理规章与制度，加强监督与技术管理，需注意以下两点。

1. 对施工单位而言

无论是哪个部门、哪个岗位，都要制定奖惩制度，明确各部门、人员的具体工作职责，对表现优秀的员工进行奖励，对违反操作规定的施工人员给予相应的惩罚，从而避免分工不明确与责任缺失情况的发生，保证施工进度与施工人员的安全。

2. 施工单位要设立专门的监管部门

工程项目总承包商应成立技术监管部门，及时跟进项目，发现施工问题，要及时向上汇报，并在第一时间解决，协调并判断各承包商的责任，确保工程如期完成。

五、建筑施工技术管理优化时应注意的事项

在制订建筑施工技术管理计划时，要充分考虑企业的实际情况，考虑企业的人员配置，以及所需的设备等，结合项目业主的具体要求，遵守国家相关标准以及地方行业规范，尊重科学规律。

（一）施工技术管理工作的重点是做好基础工作

对“四新”技术的应用推广要坚持试验鉴定的原则；所有施工技术工作都要考虑其经济效益状况，择优选取；日常技术管理工作和生产实践过程紧密结合，既要全面又要重点控制。

根据不同项目的具体情况分析落实、分工协作，力求最大限度地为工程施工提供服务。

（二）优化建筑施工技术管理是提高企业市场竞争力的最为直接、有效的途径

当前市场竞争日益激烈，技术管理水平所反映出的竞争实力也较为突出。不少企业，尽管拥有雄厚的物质技术力量，但由于管理水平低，管理制度的不健全，在竞争中总是处于被动。

建筑企业通过优化施工技术管理工作，可以提高建筑施工的效率，确保建筑质量，降低建筑施工成本。在建筑业尤其是房地产业蓬勃发展的今天，建筑行业竞争日益加剧，大中小建筑企业如雨后春笋般涌现，这对技术管理工作提出了更高的要求。各施工单位应健全建筑施工技术的管理制度，优化操作各项规范，加强对建筑施工各个环节的监督。

第二节　建筑施工技术管理及质量控制

一、房屋建筑工程施工现状与存在问题分析

房屋建筑工程与市政道路、公共基础设施工程一样，均是关系到国计民生的重要工程项目，房屋建筑工程的施工质量直接关系到房屋建筑的安全性、稳固性以及使用寿命，更关系到房屋建筑使用者的生命财产安全。现代化房屋建筑对施工技术提出了更高的要求，新施工工艺、新材料、新设备器具的出现也要求技术人员不断提升自身技术水平，避免因技能与专业素养的缺失影响企业的发展。

房屋建筑工程施工质量的影响因素众多，包括材料、人员、技术、机械等方面。现阶段的房屋建筑工程由于工程复杂度较高、体系相对庞大，通常会由业主将整个工程承包给甲方单位，甲方单位再通过招投标将工程分包给各个分包单位，由多家单位协同完成整个房屋建筑工程，并聘用监理单位对整个施工流程与施工质量进行监管。

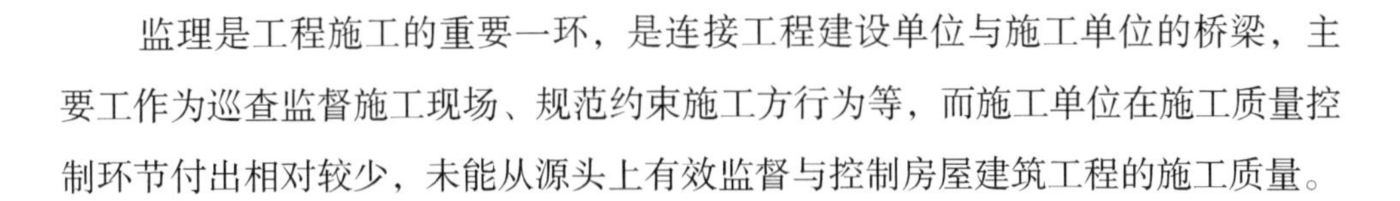

监理是工程施工的重要一环，是连接工程建设单位与施工单位的桥梁，主要工作为巡查监督施工现场、规范约束施工方行为等，而施工单位在施工质量控制环节付出相对较少，未能从源头上有效监督与控制房屋建筑工程的施工质量。

（一）人员因素

作为房屋建筑工程生产、经营活动核心实施者，房屋建筑工程质量控制的任何环节都离不开人。所以说，人是影响工程质量的关键因素，对于施工人员的知识技能、专业素质以及责任感等都必须进行严格考核，这对房屋建筑工程施工的质量控制和管理都有着非常重要的作用。

（二）材料因素

合理选用施工材料、保证产品质量是工程质量达标的关键。因此，必须严格筛选建筑材料，坚决不使用不合理、不合格的建筑材料。

在项目实施之前，工程监督管理人员需要制定一套科学的管理制度，对建筑施工所有环节进行严格控制，严肃对待建筑施工使用的原材料、构件成品或者半成品，确保所有材料均能够满足建筑工程施工设计要求以及国家、地区的相关标准，从源头上消除工程质量问题隐患。

（三）机械及测量仪器因素

房屋建筑测量仪器的精确性以及各种设备性能都会影响最终的建设质量。施工现场需要用到的设备主要有吊车、脚手架以及搅拌机等，有计划地对这些设备进行检修与维护保养，可以及时发现问题并妥善处理，从而保证设备的安全运行。

另外，尺子、经纬仪、水平仪、全站仪等测量设备的精确程度，对于顺利施工同样意义重大。测量仪器即便存在很小的偏差，也会导致建筑施工出现重大问题，因此施工人员应该严格根据国家标准来鉴定相关测量仪器设备，保证测量精度。

（四）施工技术因素

施工过程中，设计方案的合理性、施工流程的正确性、施工技术的先进性等，都会影响工程的质量。其中，施工技术是最为关键的因素，建筑企业有必要将施工技术细化至每一道工序，做好作业交接工作，落实所有施工人员的责任，以保证按照计划实现工程质量目标。

二、房屋建筑工程施工技术管理

（一）混凝土浇筑技术管理

混凝土是房屋建筑工程中常用且异常重要的基础性材料，施工单位通常会对混凝土进行浇筑并待其固化，制成一定规模与尺寸的模型后，形成构件的设计形体。混凝土浇筑的施工技术相对繁杂，主要包括施工前准备、混凝土搅拌、混凝土浇筑以及混凝土浇筑养护。

在施工前准备阶段，施工单位应当严格审查混凝土层段的模板、钢筋件等相关部件是否安装完毕，并对其中的重要性能参数与指标进行核对。

在混凝土搅拌阶段，房屋建筑工程施工单位需要根据设计方案相关参数与指标确定混凝土配比中的各种材料，依照一定的顺序将相关材料倒入搅拌容器中，并对容器中的混合物进行搅拌。

在混凝土浇筑阶段，混凝土中的水泥成分在水的作用下发生反应会不断对外释放热量，导致混凝土随着温度的增高体积不断膨胀，周围空气遇热会在混凝土表面形成水蒸气，随着时间的推移，混凝土浇筑物的内部温度与表面温度均呈现下降的趋势，当温度下降到与周围空气环境温度相当时，混凝土浇筑物表面的水蒸气遇冷会形成水珠，这就是混凝土浇筑中常见的泌水现象。

泌水现象即混凝土浇筑过程中内部温度的剧烈变化所致，这种剧烈变化会在混凝土浇筑物中形成较强的拉力与张力，诱发混凝土建筑物表面裂缝，因此，房屋建筑工程施工单位在进行混凝土浇筑时，应当对浇筑物采取降温措施，以缩小混凝土浇筑物内部与周围环境之间的温差。

（二）钢筋混凝土结构

高质量的房屋建筑结构设计是提高房屋建筑工程整体与局部结构的强度、刚度、耐久性、稳定性的重要内容与关键环节，房屋建筑工程施工单位在设计房屋建筑结构时常用钢筋增强的混凝土制成的钢筋混凝土结构，常见的建筑材料混凝土是由胶凝材料水泥、砂子、石子和水以及掺和材料、外加剂等按一定的比例拌和而成，凝固后坚硬如石，受压能力好，但受拉能力差，容易因受拉而断裂，为了充分发挥混凝土的受压能力，常在混凝土受拉区域内或相应部位加入一定数量的钢筋，使两种材料黏结成一个整体，共同承受外力。

这种配有钢筋的混凝土，称为钢筋混凝土。钢筋混凝土的主要构件包括薄壳结构、大模板现浇结构及使用滑模、升板等建造的钢筋混凝土结构的建筑物。钢筋混凝土结构中，钢筋承受拉力，混凝土承受压力，具有坚固、耐久、防火性能好、节省钢材和成本低等优点。

三、房屋建筑工程施工质量控制

（一）测量质量控制

在整个房屋建筑工程的施工过程中，首先要对房屋代建区域的地形起伏度、高程等工程参数进行定量化测定，并对代建区域的地表与地下环境进行全面的调查与确认，通常包括两部分：平面测量与水准测量，以避免代建区域地下的排水管、电力线、污水管等在房屋建筑工程施工过程中遭到破损，影响当地居民的正常生活与工作。

房屋建筑的平面测量与水准测量需要预先在代建区域布设测量控制点，构建测量控制网络，以提高房屋建筑工程参数的测量精度，为下一阶段工程提供数据，有效保障房屋建筑工程的质量。

（二）施工材料控制

施工材料是指在整个房屋建筑工程施工过程中所涉及的物资与设备等，施工材料的质量与管理控制水平直接关系到房屋建筑工程的施工质量。通常来说，房屋建筑工程的建设周期较长，建设前后所需要的物资材料与设备众多，施工单位一般不承担大批量材料采购工作，而是由甲方或者业主统一招投标采购，作为材料的实际运用与存储者，施工单位在接手材料时应当对其质量、相关参数指标进行严格审核，以保证材料符合工程施工质量控制要求。

（三）人员管理控制

房屋建筑工程所涉及的人员包括工程施工人员、工程管理人员、业主指定监理、材料与设备维护管理人员、财务人员等，众多不同工种、不同管理层级的人员在施工过程中的协同程度是影响房屋建筑工程施工质量的关键性因素，施工企业在实际施工过程中应当对人员的专业技能与职责进行综合考量与匹配，根据成员的专业技能分配适宜的职责与任务，以充分调动相关人员的积极性，保障房屋建筑工程的质量。

1. 强化施工组织设计编制的合理性

施工组织设计是连接工程设计以及工程施工的重要纽带，是拟建工程整个施工过程中的组织、技术、经济的综合性、指导性文件，是确保施工过程科学有效管理的制度法规。

所以，施工组织设计应该综合考虑工程特点、施工情况、施工要求以及施工条件等因素，科学合理地安排或者规划管理人员、施工人员、工程材料、项目资金、施工方法以及机械设备等，编制一个行之有效的施工组织设计方案，是做好施工管理工作的前提。

2. 加强安全管理

安全管理是施工管理工作的重中之重。

（1）必须强化施工人员的安全教育，特别是那些文化程度相对较低的施工人员，应该采取有效措施牢固树立他们的安全施工意识，确保所有施工人员都能够自觉地遵守安全行为规则并执行安全措施。

（2）施工企业应该针对施工人员定期组织相关的安全讲座以及培训，系统全面地开展安全教育活动。

在房屋建筑工程施工过程中，部分建筑施工企业为了追求利益最大化，并不遵守安全规定，经常违规操作，这是安全事故频发的根本因素。针对这些违规企业，国家或地方的行政执法机构必须敢于执法并勤于执法，真正发挥执法机构的权威性和有效性。

3．强化施工人员的管理

材料管理、人才管理以及机械设备管理是建筑施工管理的三大要素。施工管理质量的优劣关键还在人才，施工过程中相关的管理人员的知识水平、管理素质、技术能力、经验教训以及组织能力等都直接影响着施工管理质量的好坏。因此，选用优秀的施工管理人员组建卓越的管理团队是做好施工管理工作的核心。

（四）工程验收质量控制

房屋建筑工程的质量控制不能仅依赖最终的工程竣工验收，在工程施工的各个阶段，如施工前对施工材料、机械设备、施工人员到位情况的验收；施工过程中对每个重要子工程施工环节的阶段性质量控制与验收等均可有效提升房屋建筑工程的施工质量。施工企业以及监理单位一旦发现建设内容与初始设定的建设标准不吻合，则应当追究施工方或相关单位的责任，责令其进行整改与补救；在整改完成后需进行重复验收，以保障阶段性工程验收的严格性，降低项目竣工后的工程验收的复杂度。

1．砌体工程质量控制

通常情况下，房屋建筑工程框架结构填充墙均是灰砂砖或硅酸盐加气混凝土轻质墙体。该种形式砌块要求墙体散热程度良好且有足够的散热时间。然而，为尽可能缩短工期，加快工程进度，砌块的存放时间往往无法达到相关的技术要求，易导致墙体在使用过程中出现裂缝，降低其防水效果。

所以，在砌筑砌块之前应该严格要求，确保砌块已经浇水浸透，完全地散热收缩；砌筑的时候应该调整好砂浆的饱满程度，同时仔细地检查砌块的排放情况，以保障砌筑的墙面具有较好的平整性和垂直度。

2．基础工程质量控制

对基坑的土质进行认真检验，保证基坑的实际土质和勘察结果一致。对于

基坑支护方案的合理性和安全性进行认真验证；在设计深层基坑安全支护时，应该考虑到挡墙处以及边坡处存在车辆行走的情况；保证基坑排水能力达到设计要求。

对于深基坑而言，需要针对支护结构设施的位移状态进行定期检查，以保证支护设施的稳定性，确保不出现偏移现象。此外，还需要时刻关注基坑排水情况，在进行混凝土浇灌的时候，必须对混凝土温度进行严格控制。

3. 梁板柱工程质量控制

在进行梁板柱施工时，需要对每层的模板轴线位置、梁板和柱断面的尺寸、标高大小等进行仔细检查，保证实际施工情况和设计方案的一致性。重点检查支顶与支底的稳定性、模板的拼接严密性、模板的维修防护措施等。而且模板在使用之前必须彻底清理，在拆除模板时首先应该确定好方案，避免出现破坏性拆除。施工过程中必须严格检查所选用的钢筋，确保钢筋能够满足实际使用要求以及国家质量标准。完成钢筋绑扎后，必须仔细核查钢筋的规格尺寸、数目以及绑扎位置等，以确保梁板柱工程施工质量能够满足要求。

4. 楼地面工程质量控制

部分房屋建筑工程施工企业或单位并没有给予楼地面工程足够的重视，导致该环节经常出现质量问题。比如，地面面层起皮、出砂，一些需要排水的地方，如浴室等的地面坡度不足、缺乏防水防护措施，地面砌砖砂浆饱满程度不能满足要求等。上述质量问题虽然不会造成重大安全事故，但是会影响到用户的正常生活使用。所以，在建筑施工过程中，施工单位必须重视楼地面工程质量控制工作，确保地面面层质量达到相关要求。

房屋建筑工程施工可以说是个系统并且复杂的过程，任何一个环节出现质量问题最终都会造成房屋建筑工程整体的施工质量出现问题。因此，建筑施工企业应该严格控制并选用施工原材料以及施工器械设备，同时严格控制施工工程中的多个环节，从根本上避免各类房屋质量问题。

在当前庞大的房屋建筑市场需求以及较高的施工技术与施工质量门槛下，针对施工技术管理与施工质量控制进行重点剖析，从措施的角度为房屋建筑工程施工单位提供应对策略，以提高房屋建筑工程施工单位的施工质量，保障施工工程的顺利竣工与验收。同时，施工单位针对施工技术的有效管理与质量控制可以从制度与体系上规范企业的施工行为与施工模式，有助于其以质量为市场营销卖点形成良好的企业品牌价值，打造企业的核心竞争力，在激烈的施工企业竞争中占据战略性地位。

第三节　现场建筑施工技术管理及质量控制要点

一、建筑现场施工技术要点

（一）混凝土施工技术要点

混凝土的施工主要有搅拌和运输，确保其能够连续浇筑，并且控制其出罐温度。对其质量控制的要点主要有以下几方面。

（1）在夏季进行混凝土的浇筑中需要做好降温工作，避免其产生质量问题；

（2）如果采用搅拌站，尽可能地将搅拌站设置在距离工地较近的地方，并且采用相关运输机械实施运输，从而提升混凝土的施工效率；

（3）在对混凝土的浇筑过程中，为了保证质量，需要做好泌水工作，消除混凝土表面的泌水情况，同时还需要做好湿润处理和温度控制工作。

（二）钢筋施工以及模板施工的技术要点

在实际的施工中，需要结合相关规范要求，特别是对于钢筋的吊装以及焊接和绑扎等工序，需要强化施工质量。施工人员在进行钢筋施工之前，需要了解施工设计图，并且需要对钢筋实施抽样检查，保证钢筋的质量和施工要求相符。对于需要用作载重的钢筋还需要进行力度测试。

1．钢筋工程是混凝土结构施工的重要分项工程之一，是混凝土结构施工的关键工序

混凝土结构所用钢筋的种类较多，根据其直径大小分为钢筋、钢丝和钢绞线三类；根据生产工艺，钢筋分为热轧钢筋、热处理钢筋、冷加工钢筋等；根据钢筋的化学成分，可以分为低碳钢钢筋和普通低合金钢钢筋。

2．模板系统包括模板、支撑和紧固件

模板工程施工工艺一般包括模板的选材、选型、设计、制作、安装、拆除和修整。模板及支撑系统必须符合以下规定：保证结构和构件的形状、尺寸以及相互位置准确；具有足够的承载能力和稳定性；构造力求简单，装拆方便，能多次周转使用；接缝要严密不漏浆；模板选材要经济适用，尽可能降低施工费用。

（三）基础施工技术要点

1．在施工之前

需要制定有效的设计方案，在设计当中，要与建筑形式结合，还要和地质情况与水文情况结合，强化施工方案的全面设计。在设计中，需要重视施工质量以及安全性；还要有效控制工程施工成本；做好相应的测量工作，对地基的承载力进行测量，在实际土压力值的基础上进行准确的计量；对相关数据进行核实，防止在施工中因为数据不准确导致地基沉降情况的发生。

地基施工往往与很多工序有着联系，因此需要加强监督和管理；及时发现和解决基础施工当中所存在的问题，避免出现安全事故。

2．在施工过程中

房屋建筑施工涉及众多环节，而地基施工是其中最为关键的一步，特别是一些软土地基，需要进行科学处理。各类地基处理技术侧重点不同，而且土壤状况也存在着差异。因此，在施工过程中需注意科学运用不同的地基处理技术。

软土地基自身具有一定的可变性，因此极易在施工完成后出现稳固性极低的情况。所采取的处理措施主要目的是尽可能地将地基土出现变形的概率降到最低。

（四）结构转换层施工技术要点

由于建筑结构当中的各个楼层转换位置所承受的压力不同，所以在对楼层间距进行布置当中，需要相应减少上层的墙体和柱面，同时提升下部的楼层刚度，使柱网设置密集化，以此将楼层的支撑力体现出来。

一般建筑的上部都是剪力墙，其自身的刚度比较大，而下部基本上都是框架柱，刚度比较小，所以就需要设置转换层，来对建筑结构进行转换。若是转换层比较高，上下两层的应力以及位移角就会产生比较明显的变化，所以在设计当中就需要对转换层进行科学合理的限制。

二、现场建筑施工技术管理及质量控制要点

（一）健全质量管理体系

首先，需要完善质量管理体系，按照施工现场质量管理的相关细则以及实施规范，采用工程师责任制，并且成立专门负责施工技术质量管理的部门，总工程师主要负责施工进度以及项目的管理工作。其次，在施工当中，需要总工程师和相关的技术部门以及质量管理部门等进行协调，按照项目的实际情况，编制各个阶段的质量管理细则，同时严格执行和落实，有效地在每个施工环节细化和分配责任。

（二）强化施工现场的安全管理

建筑当中的通道以及楼板和电梯口等部位，需要做好相应的安全防护，施工人员一定要佩戴安全帽以及穿安全鞋，防止发生安全事故。

在建筑工程的施工现场，一定要重视工程质量，建立安全施工责任制度，加强对施工技术安全的管理，将责任落实到每个施工管理者身上。

（三）现场原材料及成品质量检测

在建筑工程施工现场，建筑原材料的质量对施工质量有着重要影响。通常，在原材料进入施工现场之后，一定要对原材料以及半成品材料和成品材料做好取

样检测工作，在实际的取样工作当中一定要由具有合格资质的企业来承担检测工作，而不是由施工企业来承担。检测企业在材料取样之后，需要按照相应的标准以及试验流程进行检测，在证明其符合相关的质量要求之后，才能应用到实际工程中。

建筑工程质量提高的基础条件就是要对原材料质量实施严格的控制，加强对材料的质量检测，避免在施工中出现低劣的材料和产品，还需要对工程的整体质量进行严格的控制和管理。

（四）加强对现场施工工序的监督管理

1．加强施工人员的有效培训

强化其岗位责任意识，并有效落实到每一个施工工序。

2．需要做好相应的技术交底工作

每一个施工人员都要掌握相应的施工技术，确保其能够根据相关的质量要求完成工作。

3．对于现场的问题进行协调和处理

监督管理人员需要重视施工的各个环节以及与施工企业的衔接工作，确保工程的顺利进行。

所以，企业需要不断提升监督管理人员素质，强化岗位责任制度，使其与绩效考核挂钩，对于重大失误要严肃处理，对于一些表现良好的人员要给予奖励。

三、现场建筑施工技术及质量控制的原则

（一）建筑施工技术及质量控制要遵循规范标准化的原则

施工现场的管理一定要标准化，只有在标准规范的流程下进行，管理工作才能顺利地完成。建筑施工现场工作复杂，同时还会受到多种因素的影响，如果不按照既定标准进行，势必造成现场管理工作混乱，建筑施工技术与质量也很难控制。

（二）建筑施工技术及质量控制要遵循经济效益的原则

1. 要有一个整体管理思路

建筑施工在注重质量管理的同时，不能忽视对经济效益的把控，如果只重视施工的质量，而不考虑经济成本与市场效益，那样的管理也是局部和片面的。

2. 各个职能部门应尽可能降低成本

在节约开支的基础上落实生产技术问题，一个好的管理体系要能在建筑管理中出效益，做到少投入多产出，达到事半功倍的效果，在保障技术质量同时，获得最大的经济效益。

（三）建筑施工技术及质量控制要遵循科学合理的原则

1. 建筑施工应该以科学合理的方法进行

施工现场的各项管理与技术工作，都要根据经济发展和现代化生产的要求，按照科学性、合理性的准则来进行。在施工操作的流程和方式上，也要合理设计，一环扣一环实行，兼顾整体；对于现场的机械设备，要最大限度提高其使用率，充分利用和挖掘现有的资源，实现效益最大化。

2. 加强施工现场质量的有效控制

建筑工程的技术管理以及质量控制工作，对于确保工程质量有着非常重要的作用，直接关系到能否为人们提供更好的建筑产品，使建筑行业持续健康地发展。

四、分析现场建筑施工质量的相关控制措施

（一）关于施工技术管理和质量监督的控制措施

1. 保证项目的顺利进行，落实施工管理职责和质量控制

要提高施工管理质量，不断提高施工技术管理措施，以现代理念武装自己，科学地制定技术管理制度，及时更新施工管理理念，如组织管理人员借鉴外部先

进经验，学习其他先进建筑单位的管理手段，打破传统管理观念，全面看待施工中出现的各种问题，不断提高自身技术水平，从而提高施工效率。

2. 建立和完善整体监督体系

完善质量监督体系，不仅能够从根本上促进施工质量的提高，还能够促进管理水平的提高。很多建筑工程之所以出现问题都是因为没有建立相应的质量监督机制，或者机制建立不完善，没能进行有效的管理。除了要对质量管理人员的工作进行动态监督，也要对监理人员实行监督，保证监督工作的有效实行。

（二）关于施工设备和材料的质量控制措施

1. 及时对材料进行检查

要注意保管好那些对环境条件要求较高的材料，在进行材料的配比时，合理地增大热气以及水蒸气的排放量，提高材料的合格率，淘汰那些不合格的材料。除此之外，在材料的选择上也要十分注意，这是保证建筑工程质量的基础。尽早地替换掉那些已经损坏的部分，对没有损坏的部分要采取相应的防护措施。

2. 对于材料后期的检测也不能有丝毫的放松

尤其是对一些容易被腐蚀、受潮的材料，要加强这些材料的存储管理。这就需要房屋建筑管理部门及时地对材料进行监督管理，保证施工过程中所需要的材料的安全和质量，这些都是对土建建筑施工十分重要的。

（三）关于施工检查和验收的控制措施

1. 对产品以及工序的验收和检查应当依照相关规定进行

在此之前，需要进行严格的自检，确认无误后提交质量验收通知，监理工程师接到通知后，需要在规定时间内对工程项目进行质量检验，确定工程质量符合合同要求后签发验收单，然后才能进行下一道工序。

2. 监理工程师要把关

针对工程中所使用的材料以及产品配件、施工设备，需要进行现场验收，即所有涉及施工安全的产品都必须予以检验。另外，各个专业的工程质量验收还需要进行规范性的复检，并且得到监理工程师的认证。

以上分析了现场建筑施工的相关问题，包括建筑施工的技术要点，以及建筑施工的质量控制要点等，我们对建筑施工的技术与质量管理有了一个总体的认识。建筑行业无论如何发展，施工技术与质量都是一个核心问题，因为工程质量始终关系着人们的生活与安全。建筑工程施工单位一定要加强施工管理，一方面抓建筑施工技术，一方面对施工进行科学管理，开展全程监控的制度约束，对建筑施工现场的各项规章制度都要严格执行，发现不完善的地方要及时进行修改完善，保证建筑施工在一个科学合理的体系下进行，保质保量地完成各种类型的建筑工程。

第五章

建筑工程安全管理

第一节　建筑工程安全生产管理概述

一、安全与安全生产的概念

（一）安全

安全即没有危险、不出事故，是指人的身体健康不受伤害，财产不受损害，保持完整无损的状态。安全可分为人身安全和财产安全两种情形。

（二）安全生产

狭义的安全生产是指生产过程处于避免人身伤害、物的损坏及其他不可接受的损害风险（危险）的状态。不可接受的损害风险（危险）通常指超出了法律法规和规章的要求；超出了安全生产的方针、目标和企业的其他要求；超出了人们普遍接受的（通常是隐含的）要求。

广义的安全生产除了直接对生产过程的控制，还应包括劳动保护和职业卫

生健康。

安全是由对危险的接受程度来判定的，是一个相对的概念。世上没有绝对的安全，任何事物都存在不安全的因素，即都具有一定的危险性，当危险降低到人们普遍接受的程度时，就认为是安全的。

二、安全生产管理

（一）管理的概念

管理，简单的理解是“管辖”“处理”，是管理者在特定的环境下，为了实现一定的目标，对其所能支配的各种资源进行有效的计划、组织、领导和控制等一系列活动的过程。

（二）安全生产管理的概念

在企业管理系统中，含有多个具有某种特定功能的子系统，安全管理就是其中的一个。这个子系统是由企业中有关部门的人员组成的。该子系统就是通过管理的手段，实现控制事故、消除隐患、减少损失的目的，使整个企业达到最佳的安全水平，为劳动者创造一个安全舒适的工作环境。因而安全管理的定义为：以安全为目的，进行有关决策、计划、组织和控制方面的活动。

控制事故可以说是安全管理工作的核心，而控制事故最好的方式就是实施事故预防，即将管理和技术手段相结合，消除事故隐患，控制不安全行为，保障劳动者的安全，这也是“预防为主”的本质所在。

在企业安全管理系统中，专业安全工作者起着非常重要的作用。他们既是企业内部上下沟通的纽带，更是企业领导者在安全方面的得力助手。在充分掌握资料的基础上，他们为企业安全生产实施日常监管工作，并向有关部门或领导提出安全改造、管理方面的建议。归纳起来，专业安全工作者的工作可分为以下四个部分。

1. 分析

对事故与损失产生的条件进行判断和估计，并对事故的可能性和严重性进行评价，即进行危险分析与安全评价，这是事故预防的基础。

2．决策

确定事故预防和损失控制的方法、程序和规划，在分析的基础上制定合理可行的事故预防、应急措施及保险补偿的总体方案，并向有关部门或领导提出建议。

3．信息管理

收集、管理并交流与事故和损失控制有关的资料、情报信息，并及时反馈给有关部门和领导，保证信息的及时交流和更新，为分析与决策提供依据。

4．测定

对事故和损失控制系统的效能进行测定和评价，并为取得最佳效果做出必要的改进。

三、建筑工程安全生产管理的解读

建筑工程安全生产管理是指在建筑工程的施工过程中，为保证建筑生产安全所进行的一系列管理活动。这些活动涵盖了计划、组织、指挥、协调和控制等各个环节，旨在保护职工在生产过程中的安全与健康，确保国家和人民的财产不受损失，并保障建筑生产任务的顺利完成。本章将详细阐述建筑工程安全生产管理的含义、重要性以及其主要内容，以期提高建筑施工从业人员对安全生产管理的认识和理解。

（一）建筑工程安全生产管理的含义

建筑工程安全生产管理涉及多个方面，包括建设行政主管部门对建筑活动过程中安全生产的行业管理、安全生产行政主管部门对建筑活动过程中安全生产的综合性监督管理以及从事建筑活动的主体（如建筑施工企业、建筑勘察单位、设计单位和工程监理单位）为保证建筑生产活动的安全生产所进行的自我管理。这些管理活动旨在通过一系列的措施和制度，确保建筑工程的施工过程安全无虞，从而达到保护职工安全、保障财产安全以及顺利完成建筑生产任务的目的。

（二）建筑工程安全生产管理的重要性

1. 保障职工生命安全与健康

建筑工程施工现场通常有诸多潜在的危险因素，如高空坠落、物体打击、触电等。通过加强安全生产管理，可以有效地预防和减少这些事故的发生，保障职工的生命安全和身体健康。

2. 保护国家与人民财产安全

建筑工程是国家与人民的重要财富，一旦发生安全事故，不仅造成巨大的经济损失，还可能影响社会稳定和民生福祉。通过加强安全生产管理，可以最大限度地减少事故损失，保护国家与人民的财产安全。

3. 提高建筑工程质量

安全生产管理是建筑工程质量的重要保障。通过规范施工操作、严格监督检查以及及时整改安全隐患，可以有效地提高建筑工程的质量水平，确保工程建设的顺利进行。

（三）建筑工程安全生产管理的责任主体

建筑工程安全生产管理涉及多个责任主体，包括建设行政主管部门、安全生产行政主管部门以及从事建筑活动的主体等。

1. 建设行政主管部门

建设行政主管部门负责建筑工程安全生产管理的行业管理。他们负责制定和执行相关法规、政策和标准，监督检查建筑工程的安全生产工作，并对违反安全生产规定的单位和个人进行处罚。

2. 安全生产行政主管部门

安全生产行政主管部门负责建筑工程安全生产管理的综合性监督管理工作。他们负责协调各相关部门共同推进安全生产工作，组织开展安全生产检查和评估，督促相关单位落实安全生产责任制等。

3. 从事建筑活动的主体

从事建筑活动的主体包括建筑施工企业、建筑勘察单位、设计单位和工程监理单位等。他们是建筑工程安全生产管理的直接参与者，负责制定和执行安全生产管理制度和措施，确保建筑工程的安全生产。

（四）建筑工程安全生产管理的主要内容

1. 制定安全生产管理制度

建筑施工企业应建立完善的安全生产管理制度，包括安全生产责任制、安全生产检查制度、安全教育培训制度等。这些制度应明确各级管理人员和职工的安全生产职责，规范施工操作，确保安全生产管理工作的有序进行。

2. 落实安全生产责任制

建筑施工企业应建立安全生产责任制，明确各级管理人员和职工的职责和权限。同时，要加强责任追究，对违反安全生产规定的行为进行严肃处理，确保安全生产责任得到有效落实。

3. 加强安全教育培训

建筑施工企业应定期对职工进行安全教育培训，增强职工的安全意识和技能水平。培训内容应包括安全生产法律法规、安全操作规程、应急预案等方面，使职工能够熟练掌握安全生产知识和技能，提高自我防范能力。

4. 强化施工现场管理

建筑施工企业应加强对施工现场的管理，确保施工现场的安全和有序。具体包括设置安全警示标志、安装安全防护设施、加强现场监督检查等。同时，要定期组织安全检查和隐患排查，及时发现并整改存在的安全隐患。

5. 推广先进的安全生产技术

建筑施工企业应积极推广先进的安全生产技术，如智能化监控技术、安全防护装备等，提高安全生产水平。同时，要加强对新技术的研究和应用，不断推动安全生产技术的创新和发展。

四、安全生产的基本方针

“安全第一、预防为主、综合治理”是我国安全生产管理的基本方针。《中华人民共和国建筑法》规定："建筑工程安全生产管理必须坚持安全第一，预防为主的方针。"《中华人民共和国安全生产法》（以下简称《安全生产法》）在总结我国安全生产管理经验的基础上，再一次将"安全第一，预防为主"确定为我国安全生产的基本方针。

我国安全生产方针经历了从"安全生产"到"安全生产、预防为主"以及"安全生产、预防为主、综合治理"的发展过程，且强调在生产中要做好预防工作，尽可能地将事故消灭在萌芽状态。因此，对于我国安全生产方针的含义，应从这一方针的产生和发展去理解，归纳起来主要有以下几方面内容。

（一）安全与生产的辩证关系

在生产建设中，必须用辩证统一的观点处理好安全与生产的关系。这就是说，项目领导者必须善于安排安全工作与生产工作，特别是在生产任务繁忙的情况下，安全工作与生产工作发生矛盾时，更应处理好两者的关系，不要把安全工作挤掉。越是生产任务忙，越要重视安全，把安全工作搞好，否则，导致工伤事故，既妨碍生产，又影响企业信誉，这是多年来生产实践得出的一条重要经验。

（二）安全生产工作必须强调"预防为主"

安全生产工作的"预防为主"是现代生产发展的需要。现代科学技术日新月异，而且往往是多学科综合运用，安全问题十分复杂，稍有疏忽就会酿成事故。"预防为主"就是要在事故前做好安全工作，防患于未然，依靠科技进步，加强安全科学管理，搞好科学预测与分析工作，把工伤事故和职业危害消灭在萌芽状态。"安全第一、预防为主"两者是相辅相成、相互促进的。"预防为主"是实现"安全第一"的基础。要做到"安全第一"，首先要做好预防措施，预防工作做好了，就可以保证安全生产，实现"安全第一"，否则"安全第一"就是一句空话，这也是在实践中得出的一条重要经验。

（三）安全生产工作必须强调"综合治理"

由于现阶段我国安全生产工作所面临的严峻形势原因是多方面的，既有安全监管体制和制度方面的原因，又有法律制度不健全的原因，也有科技发展落后的原因，还与整个民族安全文化素质有密切的关系等，因此要做好安全生产工作就要在完善安全生产管理的体制机制、加强安全生产法制建设、推动安全科学技术创新、弘扬安全文化等方面进行综合治理，从而真正做好安全生产工作。

五、建筑施工安全管理中的不安全因素

（一）人的不安全因素

人的不安全因素，是指对安全产生影响的人的方面的因素，即能够使系统发生故障或发生性能不良的事件的人员、个人的不安全因素以及违背设计和安全要求的人的错误行为。人的不安全因素可分为个人的不安全因素和人的不安全行为两个大类。

1. 个人的不安全因素

个人的不安全因素是指人员的心理、生理、能力中所具有的不能适应工作、作业岗位要求的影响安全的因素。

2. 人的不安全行为

人的不安全行为是指造成事故的人为错误，是人为地使系统发生故障或发生性能不良事件的行为，是违背设计和操作规程的错误行为。

人的不安全行为产生的主要原因是：系统、组织的原因，思想责任心的原因，工作的原因。诸多事故分析表明，绝大多数事故不是技术解决不了造成的，而是违规、违章所致。比如安全上降低标准、减少投入，安全组织措施不落实，不建立安全生产责任制，缺乏安全技术措施，没有安全教育、安全检查制度，不做安全技术交底，违章指挥、违章作业、违反劳动纪律等人为原因，因此必须重视和防止产生人的不安全因素。

（二）施工现场物的不安全状态

物的不安全状态是指能导致事故发生的物质条件，包括机械设备等物质或环境所存在的不安全因素。

1. 物的不安全状态的内容

（1）物本身存在的缺陷

施工现场的物主要包括机器、设备、工具、物质等。这些物品在制造、运输和使用过程中可能存在某些缺陷，如设计不合理、制造质量不达标、使用过程中的磨损和老化等。这些缺陷可能导致物品在使用过程中出现故障或失效，从而引发安全事故。

（2）防护保险方面的缺陷

防护保险装置是为了保障人员和物品安全而设置的。然而，在实际施工中，这些装置可能存在缺陷，如未安装、安装不正确或失效等。这些缺陷使防护保险装置无法发挥应有的保护作用，增加了事故发生的可能性。

（3）物的放置方法的缺陷

施工现场的物品应按照规定的方法和要求放置。然而，由于管理不善或操作不当，物品的放置方法可能存在缺陷，如乱堆乱放、超高堆放、占用通道等。这些缺陷可能导致物品在搬运、使用过程中发生倒塌、坠落等事故。

（4）作业环境场所的缺陷

作业环境场所的缺陷主要包括施工现场的照明不足、通风不良、温度过高或过低、湿度过大或过小等。这些缺陷不仅影响施工人员的健康和工作效率，还可能引发火灾、触电等安全事故。

（5）外部和自然界的不安全状态

外部和自然界的不安全状态包括气候因素（如暴雨、雷电、大风等）、地质因素（如滑坡、泥石流等）以及生物因素（如毒蛇、蜂群等）。这些不安全状态可能对施工现场造成严重影响，导致人员伤亡和财产损失。

（6）作业方法导致的物的不安全状态

不正确的作业方法可能导致物品的不安全状态。例如，使用不当的工具或设备可能导致设备损坏或失效；未按照操作规程操作可能导致物品失控或发生意外。

（7）保护器具信号、标志和个体防护用品的缺陷

保护器具、信号、标志和个体防护用品在施工现场起到重要的作用。然而，

如果这些物品存在缺陷，如损坏、失效或缺失等，将无法有效保护施工人员的安全。

2．物的不安全状态的类型

（1）防护等装置缺乏或有缺陷

施工现场应设置必要的防护装置，如安全网、防护栏等。然而，由于疏忽或出于成本考虑，部分施工现场可能未安装这些装置，或者安装的装置存在缺陷，如破损、松动等。这可能导致施工人员在高处作业时发生坠落等事故。

（2）设备、设施、工具、附件有缺陷

施工现场使用的设备、设施、工具和附件可能存在质量问题或设计缺陷。例如，起重机的吊钩可能因磨损而导致承载能力下降；电气设备的绝缘性能可能因老化而降低。这些缺陷可能导致设备故障或失效，从而引发安全事故。

（3）个人防护用品用具缺少或有缺陷

个人防护用品是保障施工人员安全的重要措施。然而，部分施工现场可能未提供足够的个人防护用品，或者提供的用品存在缺陷，如破损、尺寸不合适等。这可能导致施工人员在接触危险源时无法得到有效保护。

（4）施工生产场地环境不良

施工生产场地的环境可能存在安全隐患。例如，场地内可能存在积水、杂物等安全隐患；施工噪声、粉尘等可能超标；施工现场的通风、照明等条件可能不符合要求。这些环境因素不仅影响施工人员的身心健康，还可能引发安全事故。

（三）管理上的不安全因素

管理上的不安全因素，通常又称为管理上的缺陷，也是事故潜在的不安全因素，作为间接的原因共有以下方面。

1．技术上的缺陷

技术上的缺陷是建筑施工管理上不安全因素的重要方面之一。随着科技的进步和施工工艺的发展，建筑施工对技术的要求也越来越高。然而，在实际施工过程中，由于技术人员的水平参差不齐、缺乏经验或对新技术的掌握不足，导致施工现场存在技术上的缺陷。这些缺陷可能包括设计错误、施工方案不合理、施工工艺不规范等，从而引发安全事故。

2. 教育上的缺陷

教育上的缺陷也是建筑施工管理上不安全因素的重要表现。许多建筑从业人员缺乏必要的安全教育和培训，对安全操作规程、安全管理制度以及安全防范措施缺乏了解，导致在施工现场难以做到安全生产。此外，部分企业和单位对安全教育重视不够，缺乏有效的培训机制和考核机制，使得安全教育流于形式。

3. 生理上的缺陷

生理上的缺陷也是建筑施工管理上不可忽视的方面。由于建筑施工现场的环境恶劣、工作强度大、作业时间长等，从业人员容易出现疲劳、体力不支等生理问题，导致注意力不集中、操作失误等安全隐患。此外，部分从业人员可能患有身体疾病或伤残，无法胜任高强度、高风险的施工作业。

4. 心理上的缺陷

心理上的缺陷也是影响建筑施工安全的重要因素之一。在建筑施工过程中，从业人员可能面临各种压力和挑战，如工期紧张、质量要求高等，导致心理压力增大，容易产生焦虑、抑郁等负面情绪。这些负面情绪可能影响从业人员的判断力和操作水平，增加安全事故的风险。

5. 管理工作上的缺陷

管理工作上的缺陷是导致建筑施工管理不安全的关键因素之一。在实际施工过程中，部分企业和单位对安全管理的重视程度不够，安全管理制度不完善，安全责任制不落实，导致施工现场存在诸多安全隐患。此外，部分管理人员素质不高，对安全管理工作缺乏必要的了解和认识，难以有效履行安全管理职责。

6. 教育和社会、历史上的原因造成的缺陷

教育和社会、历史上的原因也可能对建筑施工管理上的不安全因素产生影响。在教育方面，部分从业人员的安全意识淡薄，缺乏必要的安全知识和技能；在社会和历史方面，受传统观念和文化习俗的影响，部分从业人员可能存在侥幸

心理或冒险行为，从而增加安全事故的风险。

六、建设工程安全生产管理的特点

（一）安全生产管理涉及面广、涉及单位多

由于建设工程规模大，生产周期长，生产工艺复杂、工序多，在施工过程中流动作业多，高处作业多，作业位置多变及多工种的交叉作业等，遇到不确定因素多，安全管理工作范围大，控制面广。建筑施工企业是安全管理的主体，但安全管理不仅仅是施工单位的责任，材料供应单位、建设单位、勘察设计单位、监理单位以及建设行政主管部门等，也要为安全管理承担相应的责任与义务。

（二）安全生产管理动态性

1. 建设工程项目的单件性及建筑施工的流动性

建设工程项目的单件性，使每项工程所处的条件不同，所面临的危险因素和采取的防范措施也不同，员工在转移工地后，熟悉一个新的工作环境需要一定的时间，有些制度和安全技术措施会有所调整，需要一个熟悉的过程。

2. 工程项目施工的分散性

因为现场施工分散于施工现场的各个部位，尽管有各种规章制度和安全技术交底的环节，但是面对具体的生产环境时，仍然需要自己的判断和处理，有经验的人员还必须适应不断变化的情况。

3. 产品多样性，施工工艺多变性

建设产品具有多样性，施工生产工艺具有复杂多变性，如一栋建筑物从基础、主体至竣工验收，各道施工工序均有不同的特性，其不安全因素各不相同。同时，随着工程建设进度，施工现场的不安全因素也在变化，要求施工单位必须针对工程进度和施工现场实际情况及时采取安全技术措施和安全管理措施。

（三）产品固定性导致的作业环境局限性

建设工程产品的固定性是安全生产管理中不可忽视的一点。由于建筑产品

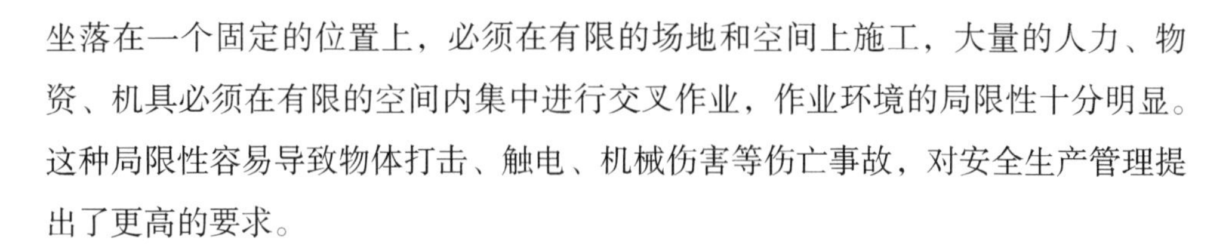

坐落在一个固定的位置上，必须在有限的场地和空间上施工，大量的人力、物资、机具必须在有限的空间内集中进行交叉作业，作业环境的局限性十分明显。这种局限性容易导致物体打击、触电、机械伤害等伤亡事故，对安全生产管理提出了更高的要求。

（四）露天作业导致的作业条件恶劣性

建设工程施工大多是在露天空旷的场地上进行的，这使得作业条件十分恶劣。施工工人需要面对高温、严寒、雨雪、大风等恶劣天气条件，这些条件不仅增加了施工难度，还容易引发各种伤亡事故。因此，在露天作业环境下，必须采取有效的安全生产管理措施，确保施工人员的安全和健康。

（五）体积庞大带来的施工作业高空性

建设产品的体积十分庞大，这导致了施工作业的高空性。操作工人大多需要在十几米甚至几百米的高空作业，这使得安全生产管理的难度和风险大大增加。高空作业不仅容易导致高空坠落等伤亡事故，还增加了施工过程中的安全隐患。因此，对于高空作业，必须采取严格的安全生产管理措施，确保施工工人的安全。

（六）手工操作多、体力消耗大导致的个体劳动保护任务艰巨

在建设工程施工过程中，手工操作占据了相当大的比重。施工工人需要长时间进行体力劳动，体能耗费大，劳动时间和劳动强度都比其他行业高。同时，恶劣的作业环境也增加了施工工人的职业危害。这些因素共同导致了个体劳动保护任务的艰巨性。因此，在安全生产管理中，必须关注施工工人的身体状况和劳动条件，提供必要的劳动保护措施，减轻工人的劳动强度和压力。

（七）多工种立体交叉作业导致的安全管理复杂性

随着建筑行业的不断发展，高层和超高层建筑逐渐成为主流。这使得劳动密集型的施工作业只能在极其有限的空间内展开，施工作业的空间要求与施工条件的供给矛盾日益突出。多工种的立体交叉作业使施工现场的安全管理变得极为

复杂。不同工种之间只有密切配合，相互协调，才能确保施工的顺利进行。然而，由于工种之间的差异性以及施工环境的复杂性，使机械伤害、物体打击等事故增多。因此，在多工种立体交叉作业的环境下，必须采取综合性的安全生产管理措施，确保各个工种之间的安全协调和配合。

（八）安全生产管理的交叉性

建设工程项目是一个开放的系统，其安全生产管理涉及多个方面和领域。首先，工程系统本身的结构、材料和施工工艺等都会对安全生产管理产生影响。其次，环境系统也是不可忽视的因素，包括自然环境和社会环境。例如，地质条件、气候条件、政策法规等都会对施工过程的安全产生影响。最后，社会系统也是一个重要的方面，包括社会舆论、文化习俗等。这些因素都与安全生产管理密切相关，需要进行综合考虑和协调。因此，安全生产管理需要将工程系统、环境系统以及社会系统相结合，形成一个综合性的管理体系。

（九）安全生产管理的严谨性

安全状态具有触发性，一旦安全管理措施不到位或存在漏洞，就可能导致事故的发生。因此，安全生产管理必须严谨细致，不能有任何疏忽和漏洞。这要求施工企业和相关部门要建立健全安全生产管理制度和操作规程，明确各级管理人员和操作工人的职责和权限，确保施工过程的每一个环节都得到有效控制和监督。同时，还需要加强安全教育培训，增强施工工人的安全意识和操作技能，确保他们能够自觉遵守安全规定和操作规程。

七、施工现场安全管理的范围与原则

（一）施工现场安全管理的范围

安全管理的中心问题，是保护生产活动中人的健康与安全以及财产不受损害，保证生产顺利进行。

施工现场安全管理的范围广泛，从宏观角度分析，其涵盖了劳动保护、施工安全技术和职业健康安全三个方面。

1．劳动保护

劳动保护是施工现场安全管理的重要组成部分，它侧重于以法律法规、规程、条例、制度等形式规范管理或操作行为，从而使劳动者的劳动安全与身体健康得到应有的法律保障。

具体来说，劳动保护包括以下几个方面。

（1）法律法规宣传与遵守：施工现场管理人员和作业人员应严格遵守国家及地方相关的法律法规，确保施工现场的各项活动都在法律框架内进行。同时，应加强对法律法规的宣传教育，增强全体人员的法律意识和安全意识。

（2）安全操作规程制定与执行：针对施工现场的具体情况和特点，制定相应的安全操作规程，并确保全体人员都能熟练掌握和执行。这些规程应涵盖施工过程中的各个环节和方面，确保各项作业都在安全可控的状态下进行。

（3）劳动保护用品配备与使用：为作业人员配备符合国家标准的劳动保护用品，如安全帽、安全鞋、防护眼镜、防护手套等，并确保他们能够正确佩戴和使用。同时，应定期对劳动保护用品进行检查和更换，确保其始终处于良好的使用状态。

2．施工安全技术

施工安全技术是施工现场安全管理的另一重要方面，它侧重于对“劳动手段与劳动对象”的管理，以规范物的状态，减轻对人或物的威胁。

具体来说，施工安全技术包括以下几个方面。

（1）工程技术安全管理：在施工过程中，应采用先进、合理的工程技术措施，确保施工质量和安全。同时，应加强对施工现场的监督检查，及时发现和纠正潜在的安全隐患和问题。

（2）安全技术规范与标准执行：遵循国家和行业制定的安全技术规范、规程、技术规定和标准条例等，确保施工过程中的各项操作都符合规范要求。这些规范和标准涵盖了施工机械、材料、工艺等多个方面，为施工现场的安全管理提供了有力的支撑。

（3）临时设施与设备安全管理：施工现场的临时设施和设备也是安全技术管理的重点。应确保这些设施和设备的设计、安装、使用和维护都符合相关标准和规范，防止因设施和设备问题引发的安全事故。

3．职业健康安全

职业健康安全是施工现场安全管理的又一重要内容，它侧重于对施工生产中粉尘、振动、噪声、毒物的管理。通过防护、医疗、保健等措施，保护劳动者的安全与健康，防止他们受到危害。

具体来说，职业健康安全管理包括以下几个方面。

（1）有害因素识别与评估：对施工现场可能存在的粉尘、振动、噪声、毒物等有害因素进行识别和评估，确定其危害程度和影响范围。在此基础上，制定针对性的防护措施和管理措施。

（2）防护措施制定与实施：根据有害因素的识别结果，制定相应的防护措施，如设置除尘设备、安装隔音设施、配备防毒面具等。同时，应加强对防护措施的检查和维护，确保其始终处于良好的使用状态。

（3）医疗保健与健康监测：为作业人员提供必要的医疗保健服务，如定期进行体检、发放药品等。同时，应建立健康监测机制，对作业人员的身体状况进行定期检查和记录，及时发现和处理健康问题。

（二）施工现场安全管理的基本原则

1．管生产的同时管安全

安全寓于生产之中，并对生产具有促进与保证作用，安全管理是生产管理的重要组成部分，安全与生产在实施过程中存在着密切联系，没有安全就绝不会有高效益的生产。事实证明，只抓生产忽视安全管理的观念和做法是极其危险和有害的。因此，各级管理人员必须负责安全工作，在管理生产的同时管理安全。

2．明确安全生产管理的目标

安全管理的内容是通过对生产中人、物、环境因素状态的管理，有效地控制人的不安全行为和物的不安全状态，消除或避免事故，达到保护劳动者安全与健康和财物不受损害的目标。

有了明确的安全生产目标，安全管理就有了清晰的方向。安全管理的一系列工作才可能朝着这一目标有序展开。没有明确的安全生产目标，安全管理就成了一种盲目的行为。盲目的安全管理，人的不安全行为和物的不安全状态就不会得到有效的控制，危险因素依然存在，事故最终不可避免。

3．必须贯彻“预防为主”的方针

安全生产的方针是“安全第一、预防为主、综合治理”。“安全第一”是把人身和财产安全放在首位，安全为了生产，生产必须保证人身和财产安全，充分体现“以人为本”的理念。

“预防为主”是实现安全第一的重要手段，采取正确的措施和方法进行安全控制，使安全生产形势向安全生产目标的方向发展。进行安全管理不是处理事故，而是在生产活动中，针对生产的特点，对各生产因素进行管理，有效地控制不安全因素的发生、发展与扩大，把事故隐患消灭在萌芽状态。

4．坚持“四全”动态管理

安全管理涉及生产活动中的方方面面，涉及参与安全生产活动的各个部门和每一个人，涉及从开工到竣工交付的整个生产过程，涉及全部的生产时间，涉及一切变化着的生产因素。因此，生产活动中必须坚持全员、全过程、全方位、全天候的动态安全管理。

5．安全管理重在控制

进行安全管理的目的是预防、消灭事故，防止或消除事故伤害，保护劳动者的安全与健康及财产安全。在安全管理的前四项内容中，虽然都是为了达到安全管理的目标，但是对安全生产因素状态的控制与安全管理的关系更直接，显得更为突出，因此必须将对生产中的人的不安全行为和物的不安全状态的控制，看作动态安全管理的重点。事故的发生，是人的不安全行为运动轨迹与物的不安全状态运动轨迹的交叉。事故发生的原理也说明了应该将对生产因素状态的控制当作安全管理重点。把约束当作安全管理重点是不正确的，是因为约束的强制性不足。

6. 在管理中发展、提高

既然安全管理是对变化着的生产活动的管理，是一种动态的过程，就意味着管理是不断发展的、不断变化的，以适应变化的生产活动。然而更为重要的是要不间断地摸索新的规律，总结管理、控制的办法与经验，掌握新的变化后的管理方法，从而使安全管理上升到新的高度。

第二节　建筑工程安全生产相关法规

一、安全生产法规与技术规范

（一）安全生产法规

安全生产法规是指国家关于改善劳动条件，实现安全生产，为保护劳动者在生产过程中的安全和健康而制定的各种法律法规、规章和规范性文件的总和，是必须执行的法律规范。

（二）安全技术规范

安全技术规范是指人们关于合理利用自然力、生产工具、交通工具和劳动对象的行为准则。安全技术规范是强制性的标准。违反规范、规程造成事故，往往会给个人和社会带来严重危害。为了维护社会秩序和工作秩序，把遵守安全技术规范确定为法律义务，有时把它直接规定在法律文件中，使之具有法律规范的性质。

二、安全生产相关法规与行业标准

作为国民经济的重要支柱产业之一，建筑业的发展对于推动国民经济发展、促进社会进步、提高人民生活水平具有重要意义。建设工程安全是建筑施工的核心内容之一。建设工程安全既包括建筑产品自身安全，也包括其毗邻建筑物的安全，还包括施工人员的人身安全。而建设工程质量最终是通过建筑物的安全和使用情况来体现的。因此，建筑活动的各个阶段、各个环节都必须保证质量和安全。

三、建筑施工企业安全生产许可证制度

《建筑施工企业安全生产许可证管理规定》于2004年6月29日经第37次建设部常务会议讨论通过，自2004年7月5日起施行，在2015年1月22日住房和城乡建设部令23号修订。

（一）安全生产许可证的申请与颁发

（1）建筑施工企业从事建筑施工活动前，应当依照规定向省级以上的建设主管部门申请领取安全生产许可证。中央管理的建筑施工企业（集团公司、总公司）应当向国务院建设主管部门申请领取安全生产许可证。

（2）建筑施工企业申请安全生产许可证时，应当向建设主管部门提供下列材料。

①建筑施工企业安全生产许可证申请表。

②企业法人营业执照。

③其他相关文件、材料。

建筑施工企业申请安全生产许可证，应当对申请材料实质内容的真实性负责，不得隐瞒有关情况或者提供虚假材料。

（3）建设主管部门应当自受理建筑施工企业的申请之日起45日内审查完毕；经审查符合安全生产条件的，颁发安全生产许可证；不符合安全生产条件的，不予颁发安全生产许可证，书面通知企业并说明理由。企业自接到通知之日起应当进行整改，整改合格后方可再次提出申请。

（4）安全生产许可证的有效期为3年。安全生产许可证有效期满需要延期的，企业应当于期满前3个月向原安全生产许可证颁发管理机关申请办理延期手续。

企业在安全生产许可证有效期内，严格遵守有关安全生产的法律法规，未发生死亡事故的，安全生产许可证有效期届满时，经原安全生产许可证颁发管理

机关同意，不再审查，安全生产许可证有效期延期 3 年。

（5）建筑施工企业变更名称、地址、法定代表人等，应当在变更后 10 日内，到原安全生产许可证颁发管理机关办理安全生产许可证变更手续。

（6）建筑施工企业破产、倒闭、撤销的，应当将安全生产许可证交回原安全生产许可证颁发管理机关予以注销。

（7）建筑施工企业遗失安全生产许可证，应当立即向原安全生产许可证颁发管理机关报告，并在公众媒体上声明作废后，方可申请补办。

（8）安全生产许可证申请表采用中华人民共和国住房和城乡建设部规定的统一式样。

（二）监督管理

（1）县级以上人民政府建设主管部门应当加强对建筑施工企业安全生产许可证的监督管理。建设主管部门在审核发放施工许可证时，应当对已经确定的建筑施工企业是否有安全生产许可证进行审查，对没有取得安全生产许可证的，不得颁发施工许可证。

（2）跨省从事建筑施工活动的企业有违反《建筑施工企业安全生产许可证管理规定》行为的，由工程所在地的省级人民政府建设主管部门将建筑施工企业在本地区的违法事实、处理结果和处理建议报告安全生产许可证颁发管理机关。

（3）建筑施工企业取得安全生产许可证后，不得降低安全生产条件，并应当加强日常安全生产管理，接受建设主管部门的监督检查。安全生产许可证颁发管理机关发现企业不再具备安全生产条件的，应当暂扣或者吊销安全生产许可证。

（4）安全生产许可证颁发管理机关或者其上级行政机关发现有下列情形之一的，可以撤销已经颁发的安全生产许可证。

① 安全生产许可证颁发管理机关工作人员滥用职权、玩忽职守颁发安全生产许可证的。

② 超越法定职权颁发安全生产许可证的。

③ 违反法定程序颁发安全生产许可证的。

④ 对不具备安全生产条件的建筑施工企业颁发安全生产许可证的。

⑤ 依法可以撤销已经颁发的安全生产许可证的其他情形。

依照规定撤销安全生产许可证，建筑施工企业的合法权益受到损害的，建设主管部门应当依法给予赔偿。

（5）安全生产许可证颁发管理机关应当建立、健全安全生产许可证档案管理制度，并定期向社会公布企业取得安全生产许可证的情况，每年向同级安全生产监督管理部门通报建筑施工企业安全生产许可证颁发和管理情况。

（6）建筑施工企业不得转让、冒用安全生产许可证或者使用伪造的安全生产许可证。

（7）建设主管部门工作人员在安全生产许可证颁发、管理和监督检查工作中，不得索取或者接受建筑施工企业的财物，不得谋取其他利益。

（8）任何单位或者个人对违反《建筑施工企业安全生产许可证管理规定》的行为，有权向安全生产许可证颁发管理机关或者监察机关等有关部门举报。

（三）对违反规定的处罚

（1）建设主管部门工作人员有下列行为之一的，给予降级或撤职的行政处分；构成犯罪的，依法追究刑事责任。

① 向不符合安全生产条件的建筑施工企业颁发安全生产许可证的。

② 发现建筑施工企业未依法取得安全生产许可证擅自从事建筑施工活动，不依法处理的。

③ 发现取得安全生产许可证的建筑施工企业不再具备安全生产条件，不依法处理的。

④ 接到违反《建筑施工企业安全生产许可证管理规定》行为的举报后，不及时处理的。

⑤ 在安全生产许可证颁发、管理和监督检查工作中，索取或者接受建筑施工企业的财物，或者谋取其他利益的。

（2）取得安全生产许可证的建筑施工企业，发生重大安全事故的，暂扣安全生产许可证并限期整改。

（3）建筑施工企业不再具备安全生产条件的，暂扣安全生产许可证并限期整改；情节严重的，吊销安全生产许可证。

（4）违反《建筑施工企业安全生产许可证管理规定》，建筑施工企业未取得安全生产许可证擅自从事建筑施工活动的，责令其停止施工，没收违法所得，并处10万元以上、50万元以下的罚款；造成重大安全事故或者其他严重后果，构成犯罪的，依法追究刑事责任。

（5）违反《建筑施工企业安全生产许可证管理规定》，安全生产许可证有效期满未办理延期手续继续从事建筑施工活动的，责令其停止施工，限期补办延期手续，没收违法所得，并处5万元以上、10万元以下的罚款；逾期仍不办理延期手续继续从事建筑施工活动的，依照上一条的规定处罚。

（6）违反《建筑施工企业安全生产许可证管理规定》，建筑施工企业转让安全生产许可证的，没收违法所得，处10万元以上、50万元以下的罚款，并吊销安全生产许可证；构成犯罪的，依法追究刑事责任；接受转让的，依照《建筑施工企业安全生产许可证管理规定》第二十四条的规定处罚。

（7）违反《建筑施工企业安全生产许可证管理规定》，建筑施工企业隐瞒有关情况或者提供虚假材料申请安全生产许可证的，不予受理或者不予颁发安全生产许可证，并给予警告，1年内不得申请安全生产许可证。建筑施工企业以欺骗、贿赂等不正当手段取得安全生产许可证的，撤销安全生产许可证，3年内不得再次申请；构成犯罪的，依法追究刑事责任。

（8）《建筑施工企业安全生产许可证管理规定》的暂扣、吊销安全生产许可证的行政处罚，由安全生产许可证的颁发管理机关决定；其他行政处罚，由县级以上地方人民政府建设主管部门决定。

第三节　安全管理体系、制度以及实施办法

一、建立安全生产管理体系

为了贯彻“安全第一、预防为主、综合治理”的方针，建立、健全安全生产责任制和群防群治制度，确保工程项目施工过程中的人身和财产安全，减少一

般事故的发生，应结合工程的特点，建立施工项目安全生产管理体系。

（一）建立安全生产管理体系的原则

（1）要适用于建设工程施工项目全过程的安全管理和控制。

（2）依据《中华人民共和国建筑法》，职业安全卫生管理体系标准，国际劳工组织 167 号公约及国家有关安全生产的法律、行政法规和规程进行编制。

（3）建立安全生产管理体系必须包含的基本要求和内容。项目经理部应结合各自实际情况加以充实，建立安全生产管理体系，确保项目的施工安全。

（4）建筑施工企业应加强对施工项目的安全管理，指导、帮助项目经理部建立、实施并保持安全生产管理体系。施工项目安全生产管理体系必须由总承包单位负责策划建立，生产分包单位应结合分包工程的特点，制定相适宜的安全保证计划，并纳入接受总承包单位安全管理体系。

（二）建立安全生产管理体系的作用

（1）职业安全卫生状况是经济发展和社会文明程度的反映，是所有劳动者获得安全与健康的保证，是社会公正、安全、文明、健康发展的基本标志，也是保持社会安定、团结和经济可持续发展的重要条件。

（2）安全生产管理体系对企业环境的安全卫生状态提出了具体的要求，应通过科学管理，使工作环境符合安全卫生标准的要求。

（3）安全生产管理体系的运行主要依赖于逐步提高、持续改进，是一个动态、自我调整和完善的管理系统，这也是职业安全卫生管理体系的基本思想。

（4）安全生产管理体系是项目管理体系中的一个子系统，其循环也是整个管理系统循环的一个子系统。

二、安全生产管理方针

安全生产的各项制度应本着如下原则进行。

（一）安全意识在先

由于各种原因，我国公民的安全意识相对淡薄。关爱生命、关注安全是全社会政治、经济和文化生活的主题之一。重视和实现安全生产，必须有很强的安全意识。

（二）安全投入在先

生产经营单位要具备法定的安全生产条件，必须有相应的资金保障，安全投入是生产经营单位的“救命钱”。《安全生产法》把安全投入作为必备的安全保障条件之一，要求“生产经营单位应当具备的安全投入，由生产经营单位的决策机构、主要负责人或者个人经营的投资人予以保证，并对安全生产所必需的资金投入不足导致的后果承担责任”。不依法保障安全投入的，将承担相应的法律责任。

（三）安全责任在先

实现安全生产，必须建立、健全各级人民政府及有关部门和生产经营单位的安全生产责任制，各负其责，齐抓共管。《安全生产法》突出了安全生产监督管理部门和主要负责人及监督执法人员的安全责任，突出了生产经营单位主要负责人的安全责任，目的在于通过明确安全责任来促使他们重视安全生产工作，加强领导。

（四）建章立制在先

“预防为主”需要通过生产经营单位制定并落实各种安全措施和规章制度来实现。建章立制是实现“预防为主”的前提条件。《安全生产法》对生产经营单位建立、健全和组织实施安全生产规章制度和安全措施等问题做出的具体规定，是生产经营单位必须遵守的行为规范。

（五）隐患预防在先

消除事故隐患、预防事故发生是生产经营单位安全工作的重中之重。《安全生产法》从生产经营的各个主要方面出发，对事故预防的制度、措施和管理都做出了明确规定。只要认真贯彻实施，就能够大幅降低重大、特大事故的发生率。

（六）监督执法在先

各级人民政府及其安全生产监督管理部门和有关部门强化安全生产监督管理，加大行政执法力度，是预防事故、保证安全的重要条件。安全生产监督管理工作的重点、关口必须前移，放在事前、事中监管上。要通过事前、事中监管，依照法定的安全生产条件，把住安全准入“门槛”，坚决把那些不符合安全生产条件或者不安全因素多、事故隐患严重的生产经营单位排除在安全准入“门槛”之外。

三、安全生产管理组织机构

（一）公司安全管理机构

建筑公司要设安全管理部门，配备专职人员。公司安全管理部门是公司一个重要的施工管理部门，是公司经理贯彻执行安全施工方针、政策和法规，实行安全目标管理的具体工作部门，是领导的参谋和助手。建筑公司施工队以上的单位，要设专职安全员或安全管理机构，公司的安全技术干部或安全检查干部应列为施工人员，不能随便调动。

根据国家建筑施工企业资质等级相关规定，建筑一、二级公司的安全员，必须持有中级岗位合格证书；三、四级公司的安全员必须全部持有初级岗位合格证书。安全施工管理工作技术性、政策性、群众性很强，因此安全管理人员应挑选责任心强、有一定的经验和相当文化程度的工程技术人员担任，以利于促进安全科技活动，进行目标管理。

（二）项目处安全管理机构

公司下属的项目处，是组织和指挥施工的单位，对管理施工、管理安全有着极为重要的影响。项目处经理是本单位安全施工工作第一责任者，要根据本单位的施工规模及职工人数设置专职安全管理机构或配备专职安全员，并建立项目处领导干部安全施工值班制度。

（三）工地安全管理机构

工地应成立以项目经理为负责人的安全施工管理小组，配备专（兼）职安全管理员，同时要建立工地领导成员轮流安全施工值日制度，解决和处理施工中的安全问题和进行巡回安全监督检查。

（四）班组安全管理组织

班组是搞好安全施工的前沿阵地，加强班组安全建设是公司加强安全施工管理的基础。各施工班组要设不脱产安全员，协助班组长搞好班组安全管理工作。各班组要坚持做好岗位安全检查、安全值日和安全日活动，同时要坚持做好班组安全记录。建筑施工点多、面广、流动、分散，一个班组人员往往不会集中在一处作业。因此，工人要增强自我保护意识和自我保护能力，在同一作业面的人员要互相关照。

四、安全生产责任制

（一）总包、分包单位的安全责任

1．总包单位的职责

（1）项目经理是项目安全生产的第一负责人，必须认真贯彻、执行国家和地方的有关安全法规、规范、标准，严格按文明安全工地标准组织施工生产，确保实现安全控制指标和文明安全工地达标计划。

（2）建立、健全安全生产保证体系，根据安全生产组织标准和工程规模设置安全生产机构，配备安全检查人员，并设置 5 ~ 7 人（含分包）的安全生产委员会或安全生产领导小组，定期召开会议（每月至少一次），负责对本工程项目安全生产工作的重大事项及时做出决策，组织实施，并将分包的安全人员纳入总包管理，统一活动。

（3）根据工程进度情况除进行不定期、季节性的安全检查外，工程项目经理部每半月由项目执行经理组织一次检查，每周由安全部门组织各分包方进行专业（或全面）检查。对查到的隐患，责成分包方和有关人员立即或限期进行消除整改。

（4）工程项目部（总包方）与分包方应在工程实施前或进场的同时及时签订含有明确安全目标和职责条款划分的经营（管理）合同或协议书；当不能按期签订时，必须签订临时安全协议。

（5）根据工程进展情况和分包进场时间，应分别签订年度或一次性的安全生产责任书或责任状，做到总分包在安全管理上责任划分明确，有奖有罚。

（6）项目部实行“总包方统一管理，分包方各负其责”的施工现场管理体制，负责对发包方、分包方和上级各部门或政府部门的综合协调管理工作。工程项目经理对施工现场的管理工作负全面领导责任。

（7）项目部有权限期责令分包方将不能尽责的施工管理人员调离本工程，重新配备符合总包要求的施工管理人员。

2．分包单位的职责

（1）分包单位的项目经理、主管副经理是安全生产管理工作的第一责任人，必须认真贯彻执行总包方在执行的有关规定、标准以及总包方的有关决定和指示，按总包方的要求组织施工。

（2）建立、健全安全保障体系。根据安全生产组织标准设置安全机构，配备安全检查人员，每50人要配备一名专职安全人员，不足50人的要设兼职安全人员，并接受工程项目安全部门的业务管理。

（3）分包方在编制分包项目或单项作业的施工方案或冬雨期方案措施时，必须同时编制安全消防技术措施，并经总包方审批后方可实施，如改变原方案，必须重新报批。

（4）分包方必须执行逐级安全技术交底制度和班组长班前安全讲话制度，并跟踪检查管理。

（5）分包方必须按规定执行安全防护设施、设备验收制度，并履行书面验收手续，建档存查。

（6）分包方必须接受总包方及其上级主管部门的各种安全检查并接受奖罚。在生产例会上应先检查、汇报安全生产情况。在施工生产过程中，切实把好安全教育、检查、措施、交底、防护、文明、验收等七关，做到预防为主。

（7）对安全管理纰漏多、施工现场管理混乱的分包单位除进行罚款处理外，对于问题严重、屡禁不止，甚至不服从管理的分包单位，予以解除经济合同。

3. 业主指定分包单位的职责

（1）必须具备与分包工程相适应的企业资质，并具备“建筑施工企业安全资格认可证”。

（2）建立、健全安全生产管理机构，配备安全员；接受总包方的监督、协调和指导，实现总包方的安全生产目标。

（3）独立完成安全技术措施方案的编制、审核和审批，对自行施工范围内的安全措施、设施进行验收。

（4）对分包范围内的安全生产负责，对所辖职工的身体健康负责，为职工提供安全的作业环境，自带设备与手持电动工具的安全装置齐全、灵敏、可靠。

（5）履行与总包方和业主签订的总分包合同及“安全管理责任书”中的有关安全生产条款。

（6）自行完成所辖职工的合法用工手续。

（7）自行开展总包方所规定的各项安全活动。

（二）租赁双方的安全责任

1. 大型机械（塔式起重机、外用电梯等）租赁、安装、维修单位的职责

（1）各单位必须具备相应资质。

（2）所租赁的设备必须具备统一编号，机械性能良好，安全装置齐全、灵敏、可靠。

（3）施工时，租赁外埠塔式起重机和施工用电梯或外地分包自带塔式起重机和施工用电梯，使用前必须在本地建设主管部门登记备案并取得统一临时编号。

（4）租赁、维修单位对设备的自身质量和安装质量负责，定期对其进行维

修、保养。

（5）租赁单位向使用单位配备合格的司机。

2．承租方对施工过程中设备的使用安全负责

承租方对施工过程中设备的使用安全责任，应参照相关安全生产管理条例的规定。

（三）交叉施工（作业）的安全责任

（1）总包和分包的工程项目负责人，对工程项目中的交叉施工（作业）负总的指挥、领导责任。总包对分包、分包对分项承包单位或施工队伍，要加强安全消防管理，科学组织交叉施工，在没有针对性的书面技术交底、方案和可靠防护措施的情况下，禁止上下交叉施工作业，防止和避免发生事故。

（2）总包与分包、分包与分项外包的项目工程负责人，除在签署合同或协议中明确交叉施工（作业）各方的责任外，还应签订安全消防协议书或责任状，划分交叉施工中各方的责任区和各方的安全消防责任，同时应建立责任区及安全设施的交接和验收手续。

（3）交叉施工作业上部施工单位应为下部施工人员提供可靠的隔离防护措施，确保下部施工作业人员的安全。在隔离防护设施未完善前，下部施工作业人员不得进行施工。隔离防护设施完善后，经上下方责任人和有关人员验收合格后，才能进行施工作业。

（4）工程项目或分包的施工管理人员在交叉施工前，对交叉施工的各方做出明确的安全责任交底，各方必须在交底后组织施工作业。安全责任交底中，应对各方的安全消防责任、安全责任区的划分，安全防护设施的标准、维护等内容做出明确要求，并经常监督和检查执行情况。

（5）交叉施工作业中的隔离防护设施及其他安全防护设施由安全责任方提供。当安全责任方因故无法提供防护设施时，可由非责任方提供，责任方负责日常维护和支付租赁费用。

（6）交叉施工作业中的隔离防护设施及其他安全防护设施的完善和可靠性，应由责任方负责。由于隔离防护设施或安全防护存在缺陷而导致的人身伤害及设备、设施、料具的损失责任，由责任方承担。

（7）工程项目或施工区域交叉施工作业安全责任不清或安全责任区划分不明确时，总包和分包应积极、主动地进行协调和管理。各分包单位之间进行交叉施工，各方应积极主动配合，在责任不清、意见不统一时，由总包的工程项目负责人或工程调度部门出面协调、管理。

（8）在交叉施工作业中，防护设施（如电梯井门、护栏、安全网、坑洞口盖板等）完善验收后，非责任方不经总包、分包或有关责任方同意，不得任意改动。因施工作业必须改动时，写出书面报告，经总、分包和有关责任方同意才可改动，但必须采取相应的防护措施。工作完成或下班后必须恢复原状，否则非责任方负一切后果责任。

（9）电气焊割作业严禁与油漆、喷漆、防水、木工等进行交叉作业，在工序安排上应先安排焊割等明火作业。如果必须先进行油漆、防水作业，施工管理人员在确认排除有燃爆可能的情况下，再安排电气焊割作业。

（10）凡进总包施工现场的各分包单位或施工队伍，必须严格执行总包方所执行的标准、规定、条例、办法，按标准化文明安全工地组织施工。对于不按总包方要求组织施工、现场管理混乱、隐患严重、影响文明安全工地整体达标或给交叉施工作业的其他单位造成不安全问题的分包单位或施工队伍，总包方有权给予经济处罚或终止合同，清出现场。

参考文献

[1] 陈思杰，易书林 . 建筑施工技术与建筑设计研究 [M]. 青岛：中国海洋大学出版社, 2020.

[2] 高建学，李宏熙，邹自强 . BIM 技术在建筑工程管理中的应用研究 [M]. 长春：吉林科学技术出版社, 2021.

[3] 韩德祥，蒋春龙，杜明兴 . 建筑施工安全技术与管理研究 [M]. 长春：吉林科学技术出版社, 2022.

[4] 何相如，王庆印，张英杰 . 建筑工程施工技术及应用实践 [M]. 长春：吉林科学技术出版社, 2021.

[5] 侯国营，刘学宾，王建香，等 . 建筑工程施工组织与安全管理 [M]. 长春：吉林科学技术出版社, 2022.

[6] 胡广田 . 智能化视域下建筑工程施工技术研究 [M]. 西安：西北工业大学出版社, 2022.

[7] 黄良辉 . 建筑工程智能化施工技术研究 [M]. 北京：北京工业大学出版社, 2019.

[8] 可淑玲，宋文学 . 建筑工程施工组织与管理 [M]. 广州：华南理工大学出版社, 2018.

[9] 梁万波，徐征，吕沐轩 . 建筑工程管理与建筑设计研究 [M]. 长春：吉林科学技术出版社, 2022.

[10] 刘臣光 . 建筑施工安全技术与管理研究 [M]. 北京：新华出版社, 2021.

[11] 刘太阁，杨振甲，毛立飞 . 建筑工程施工管理与技术研究 [M]. 长春：吉林科学技术出版社, 2022.

[12] 路明 . 建筑工程施工技术及应用研究 [M]. 天津：天津科学技术出版社, 2020.

[13] 蒲娟，徐畅，刘雪敏 . 建筑工程施工与项目管理分析探索 [M]. 长春：吉林科学技术出版社，2021.

[14] 王刚，乔冠，杨艳婷 . 建筑智能化技术与建筑电气工程 [M]. 长春：吉林科学技术出版社，2020.

[15] 王红梅，孙晶晶，张晓丽 . 建筑工程施工组织与管理 [M]. 成都：西南交通大学出版社，2016.

[16] 王建玉 . 建筑智能化工程施工组织与管理 [M]. 北京：机械工业出版社，2018.

[17] 肖义涛，林超，张彦平 . 建筑施工技术与工程管理 [M]. 长春：吉林人民出版社，2022.

[18] 薛驹，徐刚 . 建筑施工技术与工程项目管理 [M]. 长春：吉林科学技术出版社，2022.

[19] 颜培松，史润涛，尹婷 . 建筑工程结构与施工技术应用 [M]. 天津：天津科学技术出版社，2021.

[20] 于金海 . 建筑工程施工组织与管理 [M]. 北京：机械工业出版社，2017.

[21] 张志伟，李东，姚非 . 建筑工程与施工技术研究 [M]. 长春：吉林科学技术出版社，2021.

[22] 赵志浩 . 建筑信息模型 BIM 技术基础 [M]. 郑州：黄河水利出版社，2022.